物联网工程专业系列教材

物联网应用综合项目开发

主　编　陈　广

副主编　王子玉　陈胜华　伍德鹏　伍德雁

中国水利水电出版社
www.waterpub.com.cn

内 容 提 要

本书分为两部分，第一部分为理论部分，首先介绍了RFID射频技术和无线传感网的相关知识，然后介绍了北京京胜世纪科技有限公司开发的物联网虚拟仿真实验平台的使用方法，最后通过一个图书管理系统实例让学生了解和掌握综合应用系统的开发；第二部分为实训指导部分，通过开发一个超市管理系统，让学生有效整合之前所学知识。

本书非常适合作为高职高专物联网专业及相关专业的教材，同时也适合作为自学教材以及物联网开发人员的参考书。

图书在版编目（CIP）数据

物联网应用综合项目开发 / 陈广主编. -- 北京 : 中国水利水电出版社, 2016.6（2017.9重印）
物联网工程专业系列教材
ISBN 978-7-5170-4466-6

Ⅰ. ①物… Ⅱ. ①陈… Ⅲ. ①互联网络－应用－高等职业教育－教材②智能技术－应用－高等职业教育－教材 Ⅳ. ①TP393.4②TP18

中国版本图书馆CIP数据核字(2016)第142177号

策划编辑：石永峰　责任编辑：李　炎　加工编辑：郭继琼　封面设计：李　佳

书　名	物联网工程专业系列教材 物联网应用综合项目开发
作　者	主　编　陈　广 副主编　王子玉　陈胜华　伍德鹏　伍德雁
出版发行	中国水利水电出版社 （北京市海淀区玉渊潭南路1号D座　100038） 网址：www.waterpub.com.cn E-mail：mchannel@263.net（万水） sales@waterpub.com.cn 电话：（010）68367658（发行部）、82562819（万水）
经　售	北京科水图书销售中心（零售） 电话：（010）88383994、63202643、68545874 全国各地新华书店和相关出版物销售网点
排　版	北京万水电子信息有限公司
印　刷	三河市铭浩彩色印装有限公司
规　格	184mm×260mm　16开本　12印张　295千字
版　次	2016年6月第1版　2017年9月第2次印刷
定　价	28.00元

前　　言

互联网已渐渐成为人们日常生活的信息载体和平台，并广泛参与到社会的运行和人们的各种活动中。而国民经济的发展对信息系统也提出了更高的要求，并要求将计算机技术拓展到整个人类生存和活动的空间中，将人类的物理世界网络化、信息化，实现物理世界和信息系统的整合统一。在这种意义上来说，下一代互联网将是物联化的互联网。

本书通过讲述两个物联网应用综合实例——图书管理系统和智慧超市管理系统，让学生理解和掌握物联网技术在现实生活中的应用，并让学生把之前所学的无线传感器网知识、RFID 无线射频知识、C#程序设计知识、数据库知识和软件工程知识有效地整合在一起进行综合应用。

为了方便学生进行实验，本书使用了北京京胜世纪科技有限公司开发的物联网虚拟仿真实验平台作为开发平台，所有实验效果均可以在该虚拟平台中看到。本书也对该平台的使用及其使用的网络协议进行了详细的介绍。

本书由广西机电职业技术学院和北京京胜世纪科技有限公司共同编写完成，属校企共建教材。

本书的先导课程有“C#程序设计”“数据库 SQL Server”“无线传感器网络技术”“RFID 技术”“软件工程”。

本书非常适合作为高职高专物联网专业及相关专业的教材，同时也适合作为自学教材以及物联网开发人员的参考书。

编　者

2016 年 3 月

目　　录

第二部分　实训指导

第一部分　理论部分

第 1 章　RFID 综合概述

1.1　RFID 技术发展现状综述

近几年来 RFID 技术发展迅猛，其应用领域也越来越广泛。而物联网行业的飞速发展，也不断地推动着 RFID 技术层面上的革新，各种 RFID 设备在物联网中得到充分应用。由于具有高速移动物体识别、多目标识别和非接触识别等特点，RFID 技术在管理、生产、信息传输等方面显示出巨大的发展潜力与应用空间，被认为是 21 世纪最有发展前途的信息技术之一。

RFID 技术涉及信息、制造、材料等诸多高技术领域，涵盖无线通信、芯片设计与制造、天线设计与制造、标签封装、系统集成、信息安全等技术。各国都在加速推动 RFID 技术的研发和应用进程。在过去的十年间，共产生数千项关于 RFID 技术的专利，主要集中在美国、欧洲、日本等国家。

按照能量供给方式的不同，RFID 标签分为有源、无源和半有源三种；按照工作频率的不同，RFID 标签分为低频（LF）、高频（HF）、超高频（UHF）和微波频段（MW）四种。目前国际上 RFID 的应用以 LF 和 HF 标签产品为主；UHF 标签也开始规模生产，由于其具有可远距离识别和低成本的优势，有望在未来五年内成为主流；MW 标签在部分国家已经得到应用。我国已掌握 HF 芯片的设计技术，并且成功地实现了产业化，同时 UHF 芯片也已经完成开发。

1. RFID 天线的应用

目前 RFID 标签天线制造以蚀刻/冲压为主，其材料一般为铝或铜，随着新型导电油墨的开发，印刷天线的优势将越来越突出。RFID 标签封装以低温倒装键合工艺为主，目前市场上也出现了流体自装配、振动装配等新的标签封装工艺。我国低成本、高可靠性的标签制造装备和封装工艺正在研发中。

2. RFID 读写器的应用

RFID 读写器产品类型较多，部分先进产品可以实现多协议兼容。我国已经推出了系列 RFID 读写器产品，小功率读写模块已达到国外同类水平，大功率读写模块和读写器片上系统（SoC）尚处于研发阶段。

3. RFID 的应用方向

在应用系统集成和数据管理等方面，某些国际组织提出基于 RFID 的应用体系架构。各大软件厂商也在其产品中提供了支持 RFID 的服务及解决方案，相关的测试和应用推广工作正在进行中。我国在 RFID 应用架构、公共服务体系、中间件、系统集成以及信息融合和测试工作等方面取得了初步成果，建立国家 RFID 测试中心已经被列入科技发展规划。

我国已经将 RFID 技术应用于铁路车号识别、身份证和票证管理、动物标识、特种设备与危险品管理、公共交通管理以及生产过程管理等多个领域。

1.2 RFID 原理及简介

RFID 技术就是无线射频识别技术，是一种结合多门学科、多类技术的应用技术，目前应用最广泛的是在电子标签行业。相对于传统的磁卡及 IC 卡技术，RFID 技术具有非接触、阅读速度快、无磨损等特点，因此，在近几年里得到快速发展。为加强工程师对该技术的理解，本节详细介绍了 RFID 技术的结构、分类、标准以及工作原理等。

1.2.1 RFID原理

RFID 射频识别技术是一种非接触式的自动识别技术，其基本原理是电磁理论。它通过射频信号自动识别目标对象并获取相关数据，识别工作无须人工干预，可工作于各种恶劣环境中。RFID 技术可识别高速运动的物体并可同时识别多个标签，操作快捷方便。

埃森哲实验室首席科学家弗格森认为 RFID 是一种突破性的技术：“第一，可以识别单个的、非常具体的物体，而不像条形码那样只能识别一类物体；第二，其采用无线电射频，可以透过外部材料读取数据，而条形码必须靠激光来读取信息；第三，可以同时对多个物体进行识读，而条形码只能一个一个地读，此外，RFID 存储的信息量也非常大。”

1.2.2 RFID 组成

最基本的 RFID 系统由电子标签、阅读器和计算机网络三部分组成。

（1）电子标签（tag）：电子标签包含电子芯片和天线，天线在标签和阅读器之间传递射频信号，电子芯片用来存储物体的数据，天线用来收发无线电波。

电子标签按供电方式分为无源电子标签、有源电子标签和半有源电子标签三种。

- 无源电子标签：标签内部没有电池，其工作能量均需阅读器发射的电磁场来提供，重量轻、体积小、寿命长、成本低，可制成各种卡片，是目前最流行的电子标签；但其识别距离比有源系统要小，一般为几米到十几米，而且需要较大的阅读器发射功率。无源电子标签如图 1.1 所示。

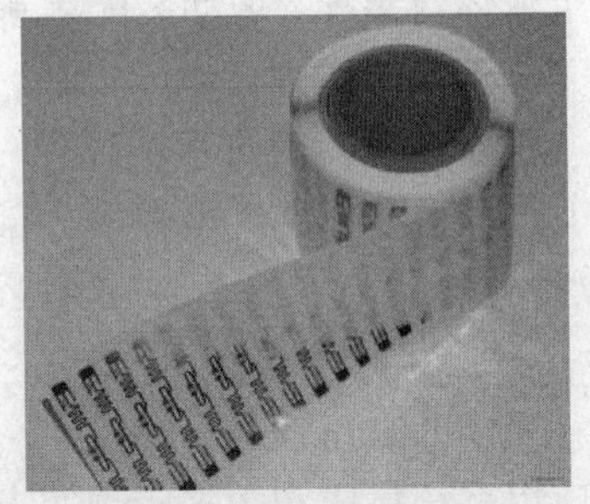

图 1.1　无源电子标签

- 有源电子标签：通过标签内部的电池来供电，不需要阅读器提供能量来启动，标签可主动发射电磁信号，识别距离较长，通常可达几十米甚至上百米；缺点是成本高、寿命有限，而且不易做成薄卡。有源电子标签如图 1.2 所示。

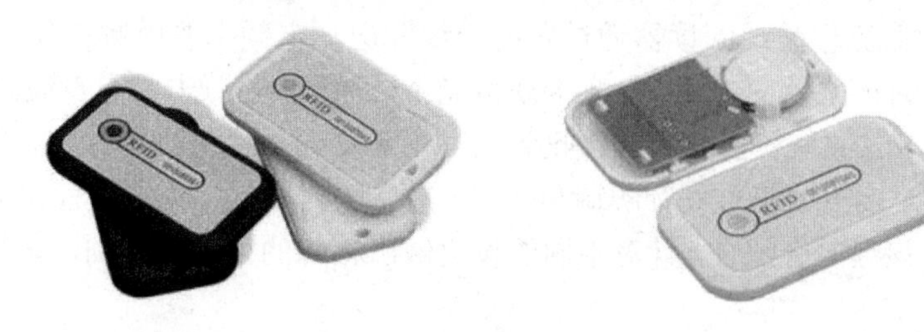

图 1.2　有源电子标签

- 半有源电子标签：内有电池，但电池只对标签内部电路供电，并不主动发射信号，其能量传递方式与无源系统类似，因此工作寿命比一般有源系统标签要长许多。

（2）阅读器（reader）：利用射频技术读写电子标签的设备，接收电子标签的数据信息，并将其传送给外部主机，如图 1.3 所示。

图 1.3　阅读器

（3）计算机网络（computer network）：阅读器通过标准接口与计算机网络连接，计算机网络完成数据的处理、传输和通信的功能。

1.2.3　RFID工作原理

射频识别系统的基本工作流程如图 1.4 所示。其中，电子标签又称为射频标签、应答器、数据载体；阅读器又称为读出装置，扫描器、通信器、读写器（取决于电子标签是否可以无线改写数据）。电子标签与阅读器之间通过耦合元件实现射频信号的空间（无接触）耦合，在耦合通道内，根据时序关系，实现能量的传递、数据的交换。

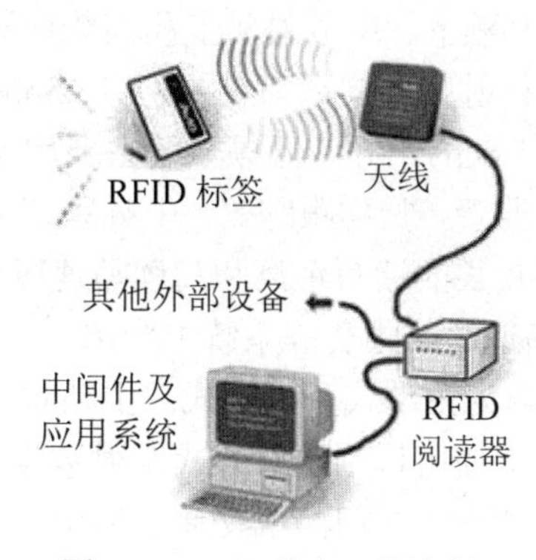

图 1.4　RFID 基本工作流程

系统的基本工作流程是：阅读器通过发射天线发送一定频率的射频信号，当射频卡进入发射天线工作区域时产生感应电流，射频卡获得能量被激活；射频卡将自身编码等信息通过卡内置发送天线发送出去；系统接收天线接收到从射频卡发送来的载波信号，经天线调节器传送到阅读器，阅读器对接收的信号进行解调和解码，然后送到后台主系统进行相关处理；主系统根据逻辑运算判断该卡的合法性，针对不同的设定做出相应的处理和控制，发出指令信号控制执行机构动作。

发生在阅读器和电子标签之间的射频信号的耦合类型有两种。

（1）电感耦合。变压器模型，通过空间高频交变磁场实现耦合，依据的是电磁感应定律，如图1.5所示。电感耦合方式一般适用于中、低频工作的近距离射频识别系统。典型的工作频率有：125kHz、225kHz和13.56MHz。识别作用距离小于1m，典型作用距离为10～20cm。

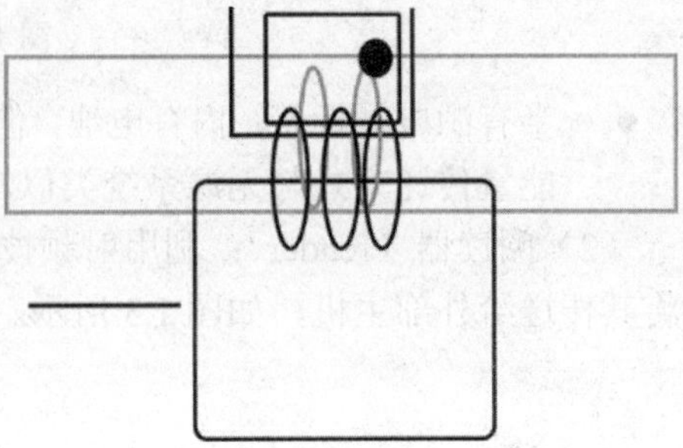

图1.5　电感耦合

（2）电磁反向散射耦合。雷达原理模型，发射出去的电磁波碰到目标后反射，同时携带回目标信息，依据的是电磁波的空间传播规律。电磁反向散射耦合方式一般适用于高频、微波工作的远距离射频识别系统。典型的工作频率有：433MHz、915MHz、2.45GHz、5.8GHz。识别作用距离大于1m，典型作用距离为3～10m。

1.2.4　RFID标准及分类

生产RFID产品的很多公司都采用自己的标准，因此，国际上还没有统一的标准。目前，可供射频卡使用的标准有：ISO10536、ISO14443、ISO15693和ISO18000。应用最多的是ISO14443和ISO15693，这两个标准都由物理特性、射频功率和信号接口、初始化和反碰撞，以及传输协议四部分组成。

按照不同的方式，射频卡有以下几种分类：

（1）按供电方式分为有源卡和无源卡。有源卡是指卡内有电池提供电源，其作用距离较远，但寿命有限、体积较大、成本高，且不适合在恶劣环境下工作；无源卡内无电池，它利用波束供电技术将接收到的射频能量转化为直流电源为卡内电路供电，其作用距离相对有源卡短，但寿命长且对工作环境的要求不高。

（2）按载波频率分为低频射频卡、中频射频卡和高频射频卡。低频射频卡的频率主要有125kHz和134.2kHz两种，中频射频卡的频率主要为13.56MHz，高频射频卡的频率主要为433MHz、915MHz、2.45GHz、5.8GHz等。低频系统主要用于短距离、低成本的应用中，如多数的门禁控制、校园卡、动物监管、货物跟踪等；中频系统用于门禁控制和需传送大量数据的应用系统；高频系统用于需要较长的读写距离和高读写速度的场合，其天线波束方向较窄且价格较高，主要在火车监控、高速公路收费等系统中应用。

（3）按调制方式的不同可分为主动式和被动式。主动式射频卡用自身的射频能量主动地发送数据给阅读器；被动式射频卡使用调制散射方式发射数据，它必须利用阅读器的载波来调制自己的信号，被动式调制技术适合用在门禁或交通应用中，因为阅读器可以确保只激活一定范围之内的射频卡。在有障碍物的情况下，使用调制散射方式，阅读器的能量必须来回穿过障碍物两次，而主动方式的射频卡发射的信号仅穿过障碍物一次，因此主动方式工作的射频卡主要用于有障碍物的应用中，作用距离更远（可达 30m）。

（4）按作用距离可分为密耦合卡（作用距离小于 1cm）、近耦合卡（作用距离小于 15cm）、疏耦合卡（作用距离约 1m）和远耦合卡（作用距离 1～10m，甚至更远）。

（5）按芯片分为只读卡、读写卡和 CPU 卡。

1.3 ISO14443

非接触 IC 卡又称射频卡，是射频识别技术和 IC 卡技术有机结合的产物。它解决了无源（卡中无电源）和免接触这两大难题，具有更加方便、快捷的特点，广泛用于电子支付、通道控制、公交收费、停车收费、食堂售饭、考勤和门禁等多种场合。

非接触 IC 卡与条码卡、磁卡、接触式 IC 卡相比，具有高安全性、高可靠性、使用方便快捷等特点，这主要是由其技术特点决定的，在近距离耦合应用中主要遵循的标准是 ISO/IEC14443。

1.3.1 ISO14443 协议

ISO14443 分为四部分，硬件主要需要了解前两部分，软件和应用开发则需要了解后两部分，即 ISO14443-3 和 ISO14443-4。

ISO14443-1 定义了 IC 卡的物理特性。

ISO14443-2 定义了频率、射频能量、编码等内容。

ISO14443-3 定义了 TypeA/TypeB 的初始化和防冲突机制。

ISO14443-4 定义了卡片的数据传输协议。

ISO14443-2 定义了 NFC 的频率为 13.56MHz±7kHz，定义了最大和最小的能量场的范围值以及 TypeA、TypeB 的调制方式，如图 1.6 所示。

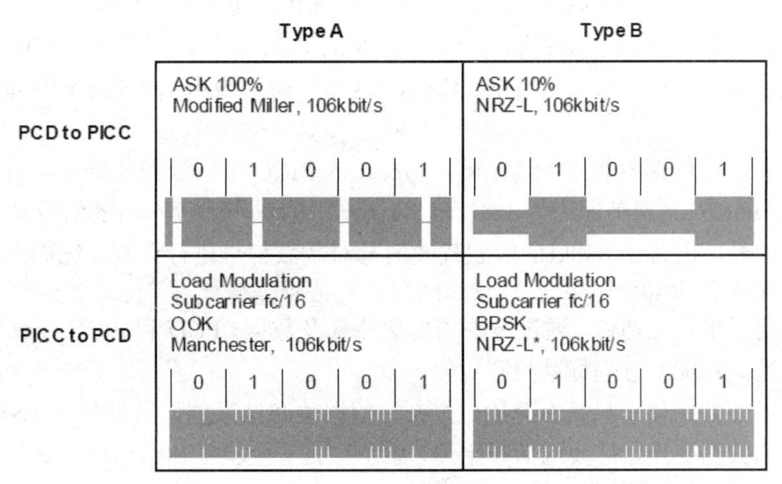

图 1.6 NFC 的调制方式

对比可以看出 TypeA 的 PCD 采用了 100% 的调制方式，而 TypeB 则采用了 10% 的调制方式，TypeA 能量传送并不均匀，而 TypeB 采用的 10%ASK 方式对于射频卡来说可以获得更稳定的能量供给。

再看一下 TypeA 对信号的要求，如图 1.7 所示。

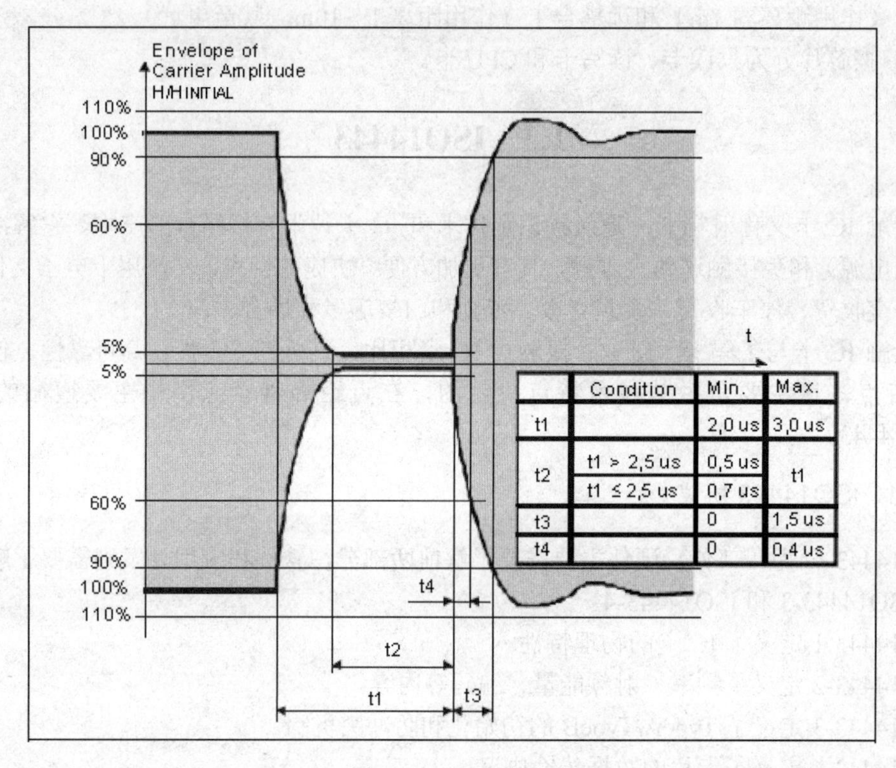

	Condition	Min.	Max.
t1		2,0 us	3,0 us
t2	t1 > 2,5 us	0,5 us	t1
	t1 ≤ 2,5 us	0,7 us	
t3		0	1,5 us
t4		0	0,4 us

图 1.7　TypeA 信号

它通过一个 2～3μs 的通信间隙来传递数据，这也意味着 PICC 在这个时间间隙中无法得到 PCD 的能量，只能靠卡片内部电容放电来维持内部逻辑电路的工作。

（1）PCD to PICC 即读卡器到射频卡，TypeA 的 PCD 采用改进的米勒（Modified Miller）编码，通信速率为 106Kb/s（13.56MHz/128），码元周期为 9.4μs，调制深度为 100%，ASK 方式。

（2）PICC to PCD 即射频卡到读卡器，TypeA 的 PICC 采用曼彻斯特（Manchester）编码，通信速率也为 106Kb/s，调制深度为 10%，ASK 方式。射频卡到读卡器的信号并非由基带信号直接调制载波信号，而是由 848kHz 的副载波信号对载波信号进行调制。编码定义如下：

```
PICC to PCD sample (0x0400)
```

TypeA 使用了半双工通信，通过电磁场传递能量及数据。PCD 和 PICC 通过数据帧交换数据。帧为数据流，TypeA 分为标准帧和短帧。

短帧用于通信初始化，只具有开始位、7 位数据位和结束位，数据部分 LSB 先发送。标准帧用于普通的数据交换，每帧包括开始位、字节数据、校验位和结束位，每个字节数据则包含了 8 位，数据部分 LSB 先发送。

应用中可能有当多张卡同时放置于 PCD 上的情况，这时会产生冲突问题。在 TypeA 中设计了防冲突机制来解决此类问题，且 A 卡使用了比特碰撞检测，速度较快。首先 PCD 发送

REQA（26h），然后放置于 PCD 能量场中的所有 PICC 将同步发出 ATQA（应答），最后，双方进入防冲突循环，PCD 利用 ANTICOLLISION 和 SELECT 命令进行防冲突循环。

根据 TypeA PICC 编码可知，逻辑 1 在码元的前半周期进行调制，而逻辑 0 在码元的后半周期进行调制。如有多张卡片（其 ID 并不相同），则会在某一位产生冲突，具体现象是某一位的前后周期都被调制。PCD 能识别出这个冲突位置，并根据这个值设定 NVB，然后进行 SELECT，如果在 NVB 条件下仍有多张卡片，将会再次产生冲突，此时重复上述循环，直到不再冲突为止，最后选择出最后的卡。

如图 1.8 所示，可看到 Start 位之后出现了连续的调制，而正常数据应该只在前半周期或后半周期进行调制，所以 PCD 此时可判断出比特位冲突。

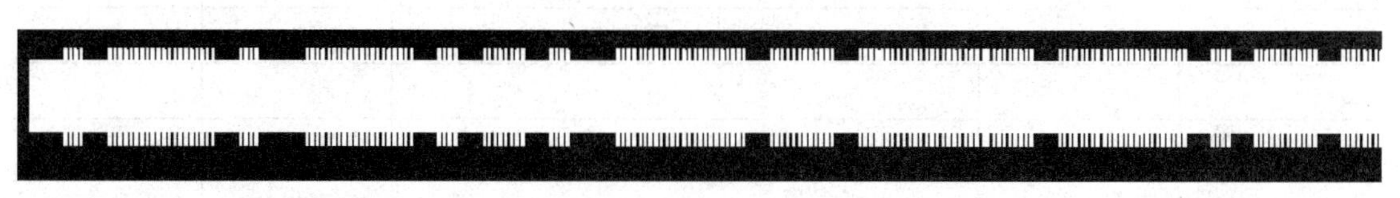

图 1.8 Type 信号

ISO14443 中的冲突、选卡实例：

PICC 分为 IDLE、READY、ACTIVE、HALT 四个状态。当 PICC 靠近 PCD 并从 PCD 能量场中获得能量后即进入 IDLE 状态，此时卡片可以通过 REQA 和 WUPA 命令进入 READY 状态；READY 状态的卡片接受 PCD 的防冲突选卡，一旦选卡成功，卡片进入 ACTIVE 状态；ACTIVE 状态可进行 ISO14443-4 的操作；在 ACTIVE 状态下，PCD 发出的 HLTA 命令可让卡片进入 HALT 状态，此时需要重新发出 WUPA 命令后才能重新选卡。

有了 HALT 命令，当几个 PICC 放置在 PCD 之上时，可以在用户不移动卡片的条件下，由 PCD 轮流选择卡片使用。

1.3.2 Mifare S50 与 Mifare S70 原理

Mifare S50 和 Mifare S70 又常被称为 Mifare Standard 和 Mifare Classic 或 MF1，是遵守 ISO14443 标准的卡片中应用最广泛、影响力最大的两种。Mifare S70 的容量是 S50 的 4 倍，S50 的容量为 1K 字节，S70 的容量为 4K 字节。阅读器对两种卡片的操作时序和操作命令完全一致。

Mifare S50 和 Mifare S70 的每张卡片上都有一个 4 字节的全球唯一的序列号，卡上数据保存期为 10 年，可改写 10 万次，读无限次。一般的应用中，不用考虑卡片是否会被读坏或写坏的问题，当然，暴力损坏除外。

Mifare S50 和 Mifare S70 的区别主要有两个方面：一是读写器对卡片发出请求命令，二者应答返回的卡类型的字节不同。Mifare S50 的卡类型是 0004H，Mifare S70 的卡类型是 0002H；二是二者的容量和内存结构不同。

Mifare S50 把 1K 字节的容量分为 16 个扇区（Sector0～Sector15），每个扇区包括 4 个数据块（Block0～Block3，我们也将 16 个扇区的 64 个块按绝对地址编号为 0～63），每个数据块包含 16 个字节（Byte0～Byte15），64*16=1024。如表 1.1 所示。

表 1.1　Mifare S50 扇区结构

扇区号	块号		块类型	总块号
扇区 0	块 0	厂商代码	厂商块	0
	块 1		数据块	1
	块 2		数据块	2
	块 3	密码 A　存取控制　密码 B	控制块	3
扇区 1	块 0		数据块	4
	块 1		数据块	5
	块 2		数据块	6
	块 3	密码 A　存取控制　密码 B	控制块	7
...	...	...	...	...
扇区 15	块 0		数据块	60
	块 1		数据块	61
	块 2		数据块	62
	块 3	密码 A　存取控制　密码 B	控制块	63

Mifare S70 把 4K 字节的容量分为 40 个扇区（Sector0～Sector39），其中前 32 个扇区（Sector0～Sector31）的结构和 Mifare S50 完全一样，每个扇区包括 4 个数据块（Block0～Block3），后 8 个扇区每个扇区包括 16 个数据块（Block0～Block15），我们也将 40 个扇区的 256 个块按绝对地址编号为 0～255），每个数据块包含 16 个字节（Byte0～Byte15），256*16=4096。如表 1.2 所示。

表 1.2　Mifare S70 扇区结构

扇区号	块号		块类型	总块号
扇区 0	块 0	厂商代码	厂商块	0
	块 1		数据块	1
	块 2		数据块	2
	块 3	密码 A　存取控制　密码 B	控制块	3
…	…	…	…	…
扇区 31	块 0		数据块	124
	块 1		数据块	125
	块 2		数据块	126
	块 3	密码 A　存取控制　密码 B	控制块	127
扇区 32	块 0		数据块	128
	块 1		数据块	129
	…	…	…	…
	块 14		数据块	142

续表

扇区号	块号		块类型	总块号
	块 15	密码 A　存取控制　密码 B	控制块	143
…	…	…	…	…
扇区 39	块 0		数据块	240
	块 1		数据块	241
	…	…	…	…
	块 14		数据块	254
	块 15	密码 A　存取控制　密码 B	控制块	255

每个扇区都有一组独立的密码及访问控制，放在每个扇区的最后一个 Block 中，这个 Block 又被称为区尾块。S50 的区尾块是每个扇区的 Block3，S70 的前 32 个扇区也是 Block3，后 8 个扇区是 Block15。

S50 和 S70 的 0 扇区 0 块（即绝对地址 0 块）用于存放厂商代码，已经固化，不可更改，卡片序列号就存放在这里。除了厂商块和控制块，卡片中其余的块都是数据块，可用于存储数据。数据块可作两种应用：

（1）用作一般的数据保存，可以进行读、写操作。

（2）用作数据值，可以进行初始化值、加值、减值、读值操作。

数据块和值块有什么区别呢？无论块中的内容是什么，你都可以把它看成普通数据，即使它是一个值块。但并不是任何数据都可以看成是值，因为值块有一个比较严格的格式要求。值块中值的长度为 4 个字节的补码，其表示的范围为-2147483648～2147483647，值块的存储格式如表 1.3 所示。

表 1.3　Mifare 值块存储格式

15	14	13	12	11	10	9	8	7	6	5	4	3	2	1	0
addr	addr	addr	addr	VALUE				VALUE				VALUE			

带下划线表示取反。VALUE 是值的补码，addr 是块号（0～63）。只有具有上述格式，才被认为是值块，否则就是普通的数据块。

每个扇区的区尾块为控制块，包括了 6 字节密钥 A、4 字节存取控制、6 字节密钥 B。例如一张新出厂的卡片控制块内容如图 1.9 所示。

A0 A1 A2 A3 A4 A5	FF 07 80 69	B0 B1 B2 B3 B4 B5
密钥 A	存取控制	密钥 B

图 1.9　卡片控制内容

新卡的出厂密钥中密钥 A 一般为 A0A1A2A3A4A5，密钥 B 一般为 B0B1B2B3B4B5，或者密钥 A 和密钥 B 都是 6 组 FF。存取控制用以设定扇区中各个块（包括控制块本身）的存取条件，这部分有点复杂，后面将专文介绍。

读写器与 S50 和 S70 的通信流程如图 1.10 所示。

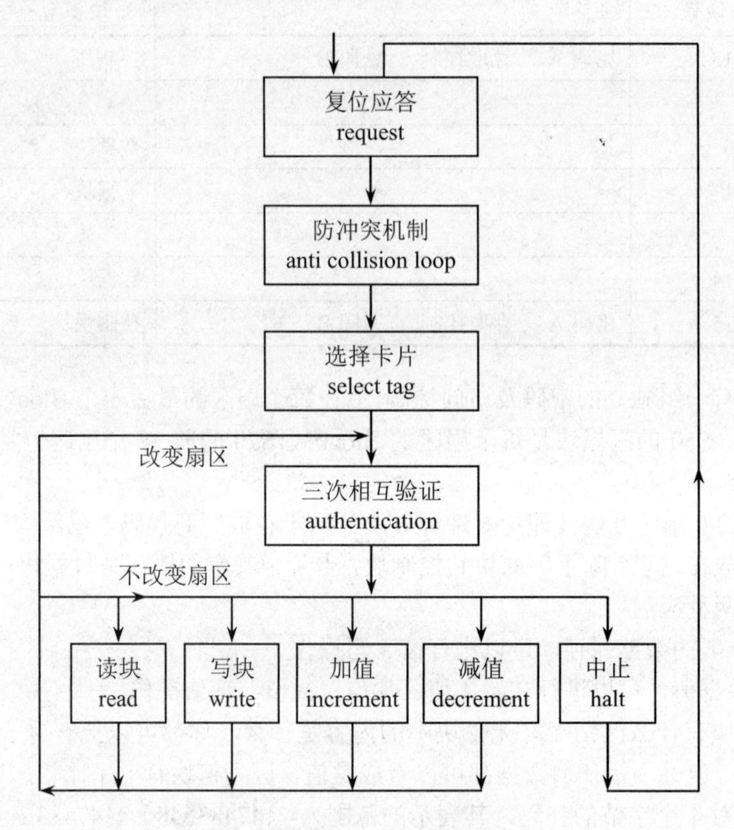

图 1.10　S50 和 S70 的通信流程

卡片选择和三次相互认证在前面已经介绍过。其他操作如下：

（1）读（read）：读取一个块的内容，包括普通数据块和值块。

（2）写（write）：写数据到一个块，包括普通数据块和值块，若值块中写入了非法格式的数据，值块就变成了普通数据块。

（3）加（increment）：对值块进行加值，只能对值块操作。

（4）减（decrement）：对值块进行减值，只能对值块操作。

（5）中止（halt）：将卡置于睡眠工作状态，只有使用 WAKE-UP 命令才能将其唤醒。

事实上加值和减值操作并不是直接在 Mifare 的块中进行的。这两个命令先把 Block 中的值读出来，然后进行加或减，加减后的结果暂时存放在卡上的易失性数据寄存器（RAM）中，然后再利用**传输**（transfer）命令将数据寄存器中的内容写入块中。与**传输**（transfer）相对应的命令是**存储**（restore），作用是将块中的内容存到数据寄存器中，不过这个命令很少用到。

1.3.3　Mifare S50 与 Mifare S70 的存取控制

存取控制是指符合什么条件才能对卡片进行操作。

S50 和 S70 的块分为数据块和控制块，对数据块的操作有“读”“写”“加值”“减值（含传输和存储）”四种，对控制块的操作只有“读”和“写”两种。

S50 和 S70 的每个扇区有两组密钥 KeyA 和 KeyB，所谓的“条件”就是针对这两组密钥而言的，包括“验证密钥 A 可以操作（KeyA）”“验证密钥 B 可以操作（KeyB）”“验证密钥 A 或密钥 B 都可以操作（KeyA|B）”“验证哪个密钥都不可以操作（Never）”四种条件。

这些“条件”和“操作”的组合被分成 8 种情况，正好可以用 3 位二进制数（C1、C2、C3）来表示。

数据块（每个扇区除区尾块之外的块）的存取控制如表 1.4 所示。

表 1.4 数据块存取控制

控制位			访问条件（验证哪个密钥）			
C1	C2	C3	读	写	加值	减值（含传输和存储）
0	0	0	KeyA|B	KeyA|B	KeyA|B	KeyA|B
0	1	0	KeyA|B	Never	Never	Never
1	0	0	KeyA|B	KeyB	Never	Never
1	1	0	KeyA|B	KeyB	KeyB	KeyA|B
0	0	1	KeyA|B	Never	Never	KeyA|B
0	1	1	KeyB	KeyB	Never	Never
1	0	1	KeyB	Never	Never	Never
1	1	1	Never	Never	Never	Never

从表中可以看出：

C1C2C3=000（出厂默认值）时最宽松，验证密钥 A 或密钥 B 后可以进行任何操作；

C1C2C3=111 时无论验证哪个密钥都不能进行任何操作，相当于把对应的块冻结了；

C1C2C3=010 和 C1C2C3=101 时都是只读，如果对应的数据块写入的是一些可以给人看但不能改的基本信息，可以设为这两种模式；

C1C2C3=001 时只能读和减值，电子钱包一般设为这种模式，比如用 S50 做的公交电子车票，用户只能查询或扣钱，不能加钱，充值的时候先改变控制位使卡片可以充值，充完值后再改回来。

控制块（每个扇区的区尾块）的存取控制如表 1.5 所示。

表 1.5 控制块存取控制

控制位			密钥 A		存取控制		密钥 B	
C1	C2	C3	读	写	读	写	读	写
0	0	0	Never	KeyA	KeyA	Never	KeyA	KeyA
0	1	0	Never	Never	KeyA	Never	KeyA	Never
1	0	0	Never	KeyB	KeyA|B	Never	Never	KeyB
1	1	0	Never	Never	KeyA|B	Never	Never	Never
0	0	1	Never	KeyA	KeyA	KeyA	KeyA	KeyA
0	1	1	Never	KeyB	KeyA|B	KeyB	Never	KeyB
1	0	1	Never	Never	KeyA|B	KeyB	Never	Never
1	1	1	Never	Never	KeyA|B	Never	Never	Never

从表中可以看出：

密钥 A 是永远也读不出来的，如果用户的数据块指定了验证密钥 A 却忘了密钥 A，也就意味着这个数据块作废了，但本扇区其他数据块和其他扇区的数据块不受影响；

存取控制总是可以读出来的，只要别忘了密钥 A 或密钥 B；

存取控制的写控制在设置时一定要小心，一旦弄成了“Never”，则整个扇区的存取条件再也无法改变。

C1C2C3=001（出厂默认值）时最宽松，除了密钥 A 不能读之外，验证了密钥 A 之后其他读写操作都可以进行；

还有一个有意思的现象是当 C1C2C3=000、C1C2C3=010 和 C1C2C3=001 时，所有的操作都不使用密钥 B，这时候密钥 B 占据的 6 字节可以提供给用户作为普通数据存储用，相当于每个扇区增加了 6 字节的用户可用存储容量。

由于卡片出厂的默认值 C1C2C3=001，所以对于新买来的卡片，不要使用密钥 B 进行认证，否则可能会导致区尾块和数据块都无法进行任何操作。作者测试过不同厂家的新卡片，有的验证密钥 B 后确实扇区内的所有块都无法操作，但有的不能操作区尾块，却可以操作数据块，本文以 NXP 的原装卡为准。当然用户可以放心，新卡不让你验证密钥 B 而你却验证了，不会对卡造成什么伤害，改回用密钥 A 验证，卡片还是可以正常使用的。

S50 的每个扇区有 4 个块，这 4 个块的存取控制是相互独立的，每个块需要 3bit，4 个块共使用 12bit。在保存的时候，为了防止控制位出错，同时保存了这 12bit 的反码，这样一个区的存储控制位在保存时共占用 24bit 的空间，正好是 3 个字节。前面说存取控制字有 4 个字节（区尾块的 Byte6～Byte9），实际上只使用了 Byte6、Byte7 和 Byte8，Byte9 没有用，用户可以把 Byte9 作为普通存储空间使用。各块控制位存储格式如表 1.6 所示。

表 1.6　控制块存储格式

		块 3（区尾块）	块 2	块 1	块 0
Byte6	b3　b2　b1　b0	块 3-C1-反	块 2-C1-反	块 1- C1-反	块 0-C1-反
	b7　b6　b5　b4	块 3-C2-反	块 2-C2-反	块 1- C2-反	块 0-C2-反
Byte7	b3　b2　b1　b0	块 3-C3-反	块 2-C3-反	块 1- C3-反	块 0-C3-反
	b7　b6　b5　b4	块 3-C1	块 2-C1	块 1- C1	块 0-C1
Byte8	b3　b2　b1　b0	块 3-C2	块 2-C2	块 1- C2	块 0-C2
	b7　b6　b5　b4	块 3-C3	块 2-C3	块 1- C3	块 0-C3

由于出厂时数据块控制位的默认值是 C1C2C3=000，控制块的默认值是 C1C2C3=001，而 Byte9 一般是 69H，所以出厂白卡的控制字通常是 FF078069H。

S70 的前 32 个数据块结构和 S50 完全一致。后 8 个数据块每块有 15 个普通数据块和一个控制块。显然，如果每个数据块单独控制将需要 8 字节的控制字，控制块中放不下这么多控制字。解决的办法是将这 15 个数据块分为三组，块 0～4 为第一组，块 5～9 为第二组，块 10～15 为第三组，每组共享三个控制位，也就是说每组控制位 C1C2C3 控制 5 个数据块的存取权限，从而与前 32 个扇区兼容。

1.4 ISO15693

ISO15693 是针对射频识别应用的一个国际标准，该标准定义了工作在 13.56MHz 下的智能标签和阅读器的空气接口及数据通信规范。

1.4.1 ISO15693 的载波、调制与编码

射频识别技术中的通信大多是主从式，主动方一般是阅读器，被动方称为“卡片”或“标签”。到底是叫“卡片”还是“标签”，并没有严格的区分。习惯上可以从以下四个方面界定：一是形状，卡片通常体积较大，更像“卡片”，标签则个头小的多；二是容量，卡片往往有较大的存储区，可以存储各类应用数据，标签则存储区较小，许多标签只有一个只读的序列号，没有用户存储区；三是安全性，卡片的用户数据存取通常需要密码，标签的数据则往往不需要密码；四是使用的对象，卡片一般用于“人”，标签通常用于“物”。ISO15693 标准的产品一般称为“标签”。

ISO15693 与 ISO14443 最大的相同之处就是二者的射频载波频率都是 13.56MHz。这一点非常重要，此特性为同一射频接口芯片读写多种协议的电子标签（卡片）提供了极大方便。

ISO15693 阅读器产生的射频场的磁场强度在 150mA/m～5A/m 之间，标签在这个场强区间内可以连续的正常工作。阅读器和标签之间的通信采用调幅 ASK，调制系数有 10%和 100%两种，具体使用哪一种由阅读器决定，标签必须能同时对这两种调制系数的调制波进行解调。

阅读器向标签传输的数据，其编码使用脉冲位置调制（pulse position modulation，PPM）。PPM 的原理比较简单，每次用 2^M 个时隙传送 M 位，至于传送的数据是什么，要看脉冲出现在哪个时隙。ISO15693 协议使用了两种 M 值，M=8 和 M=2。M=8 是在 4.833ms 的时间内传送 256 个时隙，每次传送 8 位数据，脉冲出现在第几个时隙就代表传送的是什么数据，比如要传送数据 E1H=(11100001B)=225，则在第 225 个时隙传送一个脉冲，这个脉冲将该时隙的后半部分拉低。

M=2 是在 75.52μs 的时间内传送 4 个时隙，每次传送 2 位数据，脉冲出现在第几个时隙就代表传送的是什么数据，比如要传送数据 2H=(10B)=2，则在第 2 个时隙传送一个脉冲，这个脉冲将该时隙的后半部分拉低，如图 1.11 所示。

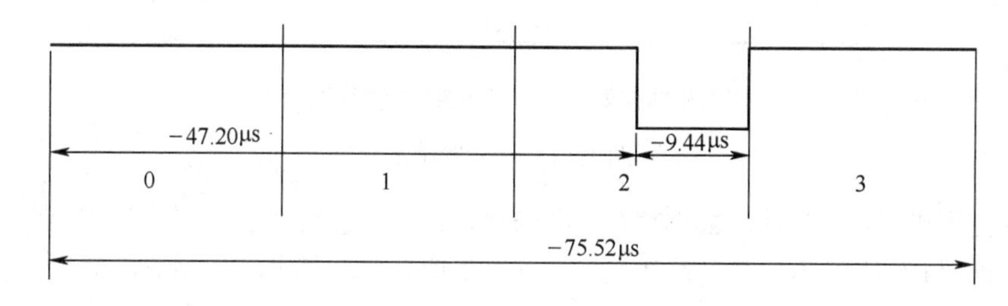

图 1.11 阅读器脉冲

在 M=8 的情况下，每次在 4.833ms 的时间内传送 8 位数据，数据的传输速率是 1.65Kb/s；在 M=2 的情况下，每次在 75.52μs 的时间内传送 2 位数据，数据的传输速率是 26.48Kb/s。这

两种速率差了十几倍，具体使用哪种速率，由阅读器发送的数据帧的起始波形（SOF）决定，如图 1.12 所示。

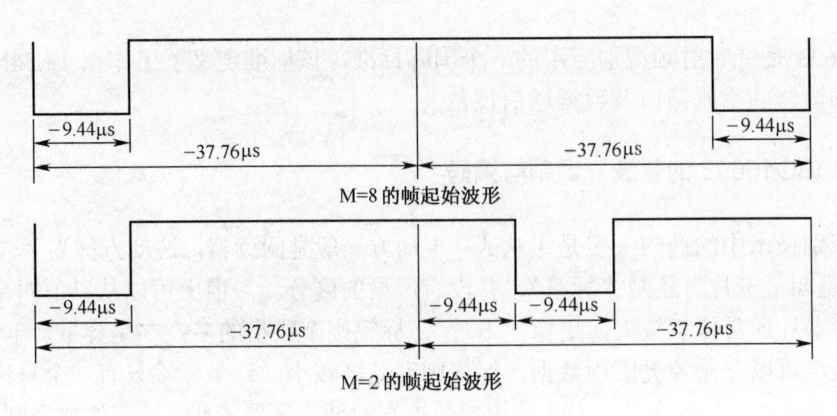

图 1.12　阅读器脉冲

和多数其他类型的非接触式产品一样，ISO15693 协议的电子标签也使用负载调制的方式向阅读器回送数据信息。负载调制可以产生两种速率的副载波，fs1=fc/32（423.75kHz，2.36µs）和 fs2=fc/28（484.28kHz，2.065µs）；数据采用曼彻斯特编码，可以仅使用 fs1，也可以 fs1 和 fs2 都用。

当仅使用 fs1 时，数据编码如图 1.13 所示，逻辑“0”使用 fs1 调制左边，右边不调制；逻辑“1”使用 fs1 调制右边，左边不调制。每位数据 37.76µs，数据的传输速率是 26.48Kb/s。

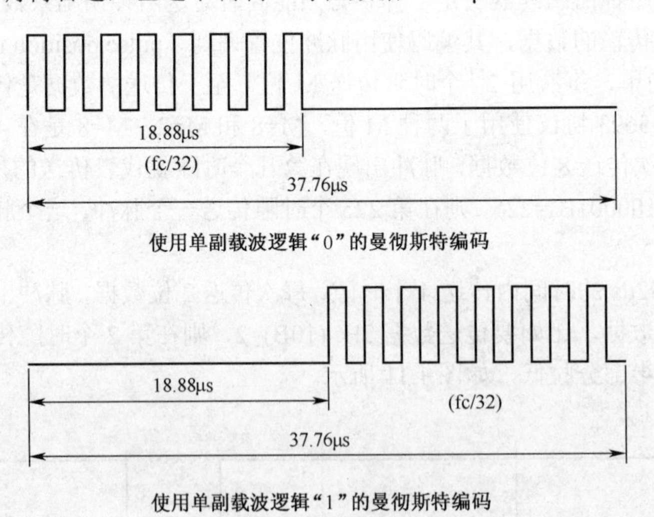

图 1.13　阅读器脉冲

当同时使用 fs1 和 fs2 时，数据编码如图 1.14 所示，逻辑“0”使用 fs1 调制左边，fs2 调制右边；逻辑“1”使用 fs1 调制右边，fs2 调制左边。每位数据 37.46µs，数据的传输速率是 26.69Kb/s。

上述数据传输速率比较高，ISO15693 协议还规定可以使用一种低速速率，低速速率是高速速率的 1/4，对应上述两种情形分别是 6.62Kb/s 和 6.67Kb/s。编码的方法是在逻辑“0”和“1”时使用的脉冲数增加为原来的 4 倍，如果仅使用 fs1 调制，编码中未调制的时间也增加为原来的 4 倍。

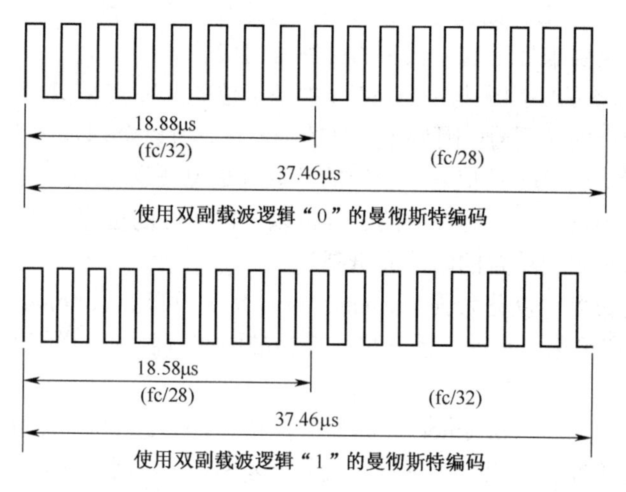

图 1.14　阅读器脉冲

至于选用哪一种调制方法及哪一种数据的传输速率，完全由阅读器决定，各种调制方法和速率标签都必须支持。

1.4.2　ISO15693 的防冲突与传输协议

遵守 ISO15693 协议的电子标签都有一个 8 字节共 64bit 的全球唯一序列号（UID），这个 UID 可以使全球范围内的标签互相区别，更重要的是可以在多标签同时读写时用于防冲突。8 字节 UID 按权重从高到低标记为 UID7～UID0，其中 UID7 固定为十六进制的 E0H，UID6 是标签制造商的代码，例如 NXP 的代码为 04H，TI 的代码为 07H；UID5 为产品类别代码，比如 ICODE SL2 ICS20 是 01H，Tag-it HF-I Plus Chip 为 80H，Tag-it HF-I Plus Inlay 为 00H。剩下的 UID4-UID0 为制造商内部分配的号码。

电子标签数量众多，应用范围极为广泛。为了区分不同行业中的电子标签，ISO 用一个字节的 AFI（application family identifier）来区分不同行业中的电子标签。AFI 的高半字节表示主要行业，低半字节表示主要行业中的细分行业。其中 AFI=00H 表示所有行业。需要注意的是并不强制要求电子标签支持 AFI，电子标签是否支持 AFI 是可选的，在收到“Inventory”清点命令后，如果标签不支持 AFI，则标签必须立刻做出应答；如果支持 AFI，则只有当收到的 AFI 与标签存储的 AFI 一致时才做出应答。

ISO15693 国际标准还规定了一个字节的可选的数据存储格式识别符（DSFID），用来区分标签中不同的数据存储格式。如果标签支持 DSFID，在清点命令中标签将返回一个非零的 DSFID，阅读器可据此判断射频场中的标签是否具有期望的数据格式。

电子标签的内存最大可达 8K 字节，以数据块（Block）为单位进行管理，标签内最多可以有 256 个数据块，每个数据块最大可以有 32 字节。数据块的内容可以锁定以防止被修改。

应答除了没有应答码之外，结构与命令码类似。每一条命令及其应答都使用 CRC 校验以保证数据的完整性。阅读器可以发出一条请求后让射频场内的所有电子标签同时应答（addressed mode），也可以指定一个电子标签应答（non-addressed mode）。在 non-addressed

模式下，可以使用两种方法指定一个电子标签，一种是命令中给出电子标签的唯一序列号UID，另一种是命令中不给出 UID，而在之前的步骤中先选中一个标签，使其处于选中（select）状态，然后命令中指明仅要求处于选中状态的标签做出应答。

ISO15693 电子标签的防冲突与 ISO14443 中基于位的防冲突类似，其最根本的一点就是基于标签有一个全球唯一的序列号。因为序列号的唯一性，所以全球范围内的任意两个标签，其 64bit 的序列号中总有一个 bit 的值是不一样的，也就是说任意两个标签的序列号总有一个 bit 上一个是“0”，另一个是“1”。防冲突的过程可以一位一位的进行，也可以四位四位的进行。具体的原理参见位和时隙相结合的防冲突机制。

电子标签支持的命令可以分为强制（mandatory）命令、可选（optional）命令和用户（custom）命令三种。强制命令和可选命令的功能和格式在标准中都有明确而详细的定义，用户命令则由标签制造商制定。

强制命令有两个：清点（inventory）和保持静默（stay quiet），标签必须支持。标签最基本的功能是可以通过防冲突送出一个标签识别号，这两个命令就是实现这个功能的。如果磁场中有多个标签，使用清点命令可以得到一个标签 UID，接着使用保持静默命令使其休眠；然后再使用清点命令可以得到下一个标签 UID，依次类推，从而实现对射频场中的所有标签的清点轮询。

可选命令是否支持由标签制造商决定，可以分为以下四类：

（1）对整个标签操作：选择（select）、复位（reset to ready）、读取系统信息（get system information）；

（2）对标签数据块操作：读单块（read single block）、写单块（write single block）、锁数据块（lock block）、读多块（read multiple blocks）、写多块（write multiple blocks）、读多块安全状态（get multiple block security status）；

（3）对 AFI 操作：写 AFI（write AFI）、锁定 AFI（lock AFI）；

（4）对 DSFID 操作：写 DSFID（write DSFID）、锁定 DSFID（lock DSFID）。

第 2 章　无线传感器网络

2.1　无线传感器网络概述

无线传感器网络（wireless sensor networks，WSN）是当前在国际上备受关注的、涉及多学科高度交叉的、知识高度集成的前沿热点研究技术。传感器、微机电系统、现代网络和无线通信等技术的进步，推动了现代无线传感器网络的产生和发展。无线传感器网络扩展了人们获取信息的能力，将客观世界的物理信息同传输网络连接在一起，将在下一代网络中为人们提供最直接、最有效、最真实的信息。无线传感器网络能够获取客观物理信息，具有十分广阔的应用前景，能应用于军事国防、工农业控制、城市管理、生物医疗、环境检测、抢险救灾、危险区域远程控制等领域，已经引起了许多国家学术界和工业界的高度重视，被认为是对 21 世纪产生巨大影响力的技术之一。

无线传感器网络是由部署在监测区域内的大量的廉价微型传感器节点组成的，通过无线通信方式形成的一个多跳的自组织的网络系统，其目的是协作地感知、采集和处理网络覆盖区域中被感知对象的信息，并发送给观察者。传感器、感知对象和观察者构成了无线传感器网络的三个要素。

无线传感器网络是一种由大量小型传感器所组成的网络，这些小型传感器一般称作 sensor node（传感器节点）或者 mote（灰尘），此种网络中一般也有一个或几个基站（sink），用来集中从小型传感器收集的数据。

2.2　无线传感器网络的体系结构

传感器网络结构如图 2.1 所示。传感器网络系统通常包括传感器节点（sensor node）、汇聚节点（sink node）和管理节点（management node）。大量传感器节点随机部署在监测区域内部或附近，能够通过自组织方式构成网络。传感器节点监测的数据沿着其他传感器节点逐跳地进行传输，在传输过程中监测数据可能被多个节点处理，经过多跳后路由到汇聚节点，最后通过互联网或卫星到达管理节点。用户通过管理节点对传感器网络进行配置和管理，发布监测任务以及收集监测数据。

传感器节点由传感器模块、处理器模块、无线通信模块和能量供应模块四部分组成。传感器模块负责监测区域内信息的采集和数据的转换；处理器模块负责控制整个传感器节点的操作，存储和处理本身采集的数据以及其他节点发来的数据；无线通信模块负责与其他传感器节点进行无线通信，交换控制信息和收发采集数据；能量供应模块为传感器节点提供运行所需的能量，通常采用微型电池供能。

随着对传感器网络的深入研究，研究人员提出了多个传感器节点上的协议栈。协议栈包括物理层、数据链路层、网络层、传输层和应用层，与互联网协议栈的五层协议相对应。另外，协议栈还包括能量管理平台、移动管理平台和任务管理平台，这些管理平台使传感器节点能够按照能源高效利用的方式协同工作，在节点移动的传感器网络中转发数据，并支持多任务和资源共享。

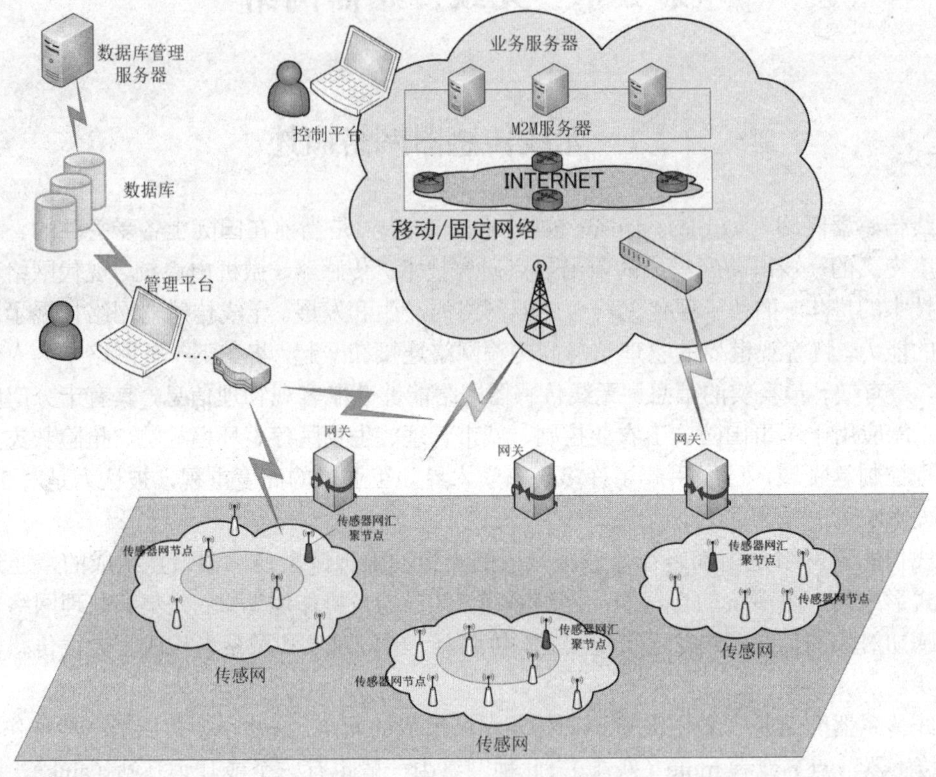

图 2.1　传感器网络结构图

协议栈细化并改进了无线传感器网络结构的原始模型。定位和时间同步子层在协议栈中的位置比较特殊，它们既要依赖于数据传输通道进行协作定位和时间同步协商，同时又要为网络协议各层提供信息支持，一部分用以优化和管理协议流程，另一部分独立在协议外层，通过收集各种和配置接口相对应的机制进行配置和监控。

2.3　无线传感器网络的特征

无线自组网（mobile ad-hoc network）是一个由几十到上百个节点组成的、采用无线通信方式和动态组网的多跳的移动性对等网络，其目的是通过动态路由和移动管理技术传输具有服务质量要求的多媒体信息流，通常其节点具有持续的能量供给。

无线传感器网络虽然与无线自组网有相似之处，但也存在很大的差别。无线传感器网络是集成了监测、控制以及无线通信的网络系统，节点数目更为庞大（上千甚至上万），节点分布更为密集；由于环境影响和能量耗尽，节点更容易出现故障；环境干扰和节点故障易造成网络拓扑结构的变化；通常情况下，大多数传感器节点是固定不动的，另外，传感器节点具有的能量、处理能力、存储能力和通信能力等都十分有限。传统无线网络的首要设计目标是提供高服务质量和高效带宽利用率，其次才考虑节约能源，而无线传感器网络的首要设计目标是能源的高效利用，这也是传感器网络和传统网络最重要的区别之一。

2.4 无线传感器网络中的关键技术

1. 网络拓扑控制

传感器网络拓扑控制目前主要的研究问题是在满足网络覆盖度和连通度的前提下，通过功率控制和骨干网节点选择，删除节点之间不必要的无线通信链路，产生一个高效的数据转发的网络拓扑结构。拓扑控制可以分为节点功率控制和层次型拓扑结构控制两个方面。功率控制方面目前已经提出了 COMPOW、LINT/lilt、CBTC、LMST、RNG、DRNG 和 DLSS 等算法，层次型拓扑结构控制目前提出了 TopDisc、GAF、LEACH 和 HEED 等算法。

2. 网络协议

由于传感器网络节点的硬件资源有限和拓扑结构的动态变化，网络协议不能太复杂但又要高效，目前研究的重点是网络层协议和数据链路层协议。网络层的路由协议决定检测信息的传输路径，目前提出了多种类型的协议，如多个能量感知的路由协议，定向扩散和谣传等基于查询的路由协议，GEAR 和 GEM 等基于地理位置的路由协议，SPEED 和 ReInForm 等支持 QoS 的路由协议。数据链路层的介质访问控制用来构建底层的基础结构，控制传感器节点的通信过程和工作模式，目前提出了 S-MAC、T-MAC 和 Sift 等基于竞争的 MAC 协议，DEANA、TRAMA、DMAC和周期性调度等基于时分复用的 MAC 协议等。

3. 时间同步

时间同步是需要协同工作的传感器网络系统的一个关键机制。Jeremy Elson 和 Kay Romer 在 2002 年 8 月的 HotNets-I 国际会议上首次提出并阐述了无线传感器网络中的时间同步机制的研究课题，在传感器网络研究领域引起了关注。目前已提出了多个时间同步机制，其中 RBS、TINY/MINI-SYNC 和 TPSN 被认为是基本的同步机制。

4. 定位技术

位置信息是传感器节点采集数据中不可缺少的部分，没有位置信息的检测消息通常毫无意义。确定事件发生的位置或采集数据的节点位置是传感器网络最基本的功能之一。目前的定位技术有：基于距离的定位，如基于 TOA 的定位、基于 AOA 的定位、基于 RSSI 的定位等；与距离无关的定位，如质心算法、DV-Hop 算法、APIT 算法等。

5. 数据融合

传感器网络存在能量约束。减少传输的数据量能够有效地节省能量，因此在从各个节点收集数据的过程中，可利用节点的本地计算和存储能力处理数据的融合，去除冗余信息，从而达到节省能量的目的。由于节点的易失效性，传感器网络也需要数据融合技术对多份数据进行综合，提高信息的准确度，但融合技术会牺牲其他方面的性能，如产生延迟和鲁棒性的代价。

6. 嵌入式操作系统

传感器节点是一个微型的嵌入式系统，携带非常有限的硬件资源，需要操作系统能够节能高效地使用其有限的内存、处理器和通信模块，且能够对各种特定应用提供最大的支持。在无线传感器网络的操作系统的支持下，多个应用可以并发地使用系统的有限资源。美国加州大学伯克利分校研发了 Tiny OS 操作系统，该操作系统在科研机构的研究中得到了比较广泛的应用，但目前仍然存在不足之处。

2.5 无线传感器网络的安全需求

同其他无线网络一样，安全问题是无线传感器网络的一个重要问题。由于采用的是无线传输信道，传感器网络存在窃听、恶意路由、消息篡改等安全问题。同时，无线传感器网络的有限能量和有限处理、存储能力两个特点使安全问题的解决更加复杂化了。在无线传感器网络的某些应用当中，如居民小区的无线安防网络，军事上在敌控区监视对方军事部署的无线传感器网络等，安全问题显得尤为重要。

无线传感器网络安全和一般网络安全的出发点是相同的，都面临一些共同的问题，如保密性问题、点对点消息认证问题、完整性鉴别问题、时效性问题、认证组播和广播问题以及安全管理问题。这些共性问题在各个协议层都应当被充分考虑，但每个层次研究和实现的侧重点不同。除此之外，由于无线传感器网络自身的特点，它与一般网络安全问题的解决方法也不相同。

1. 数据机密性

数据机密性是重要的网络安全需求，要求所有的敏感数据在存储和传输过程中都要保证其机密性，不得向任何非授权用户泄露数据的内容。

2. 数据完整性

有了机密性的保证，攻击者可能无法获取数据的真实内容，但接收者并不能保证其收到的数据是正确的，因为恶意的中间节点可以截获、篡改和干扰数据的传输过程。通过数据完整性鉴别，可以确保数据在传输过程中没有任何改变。

3. 数据新鲜性

数据新鲜性强调每次接收的数据都是发送方最新发送的数据，以此杜绝接收重复的数据。保证数据新鲜性的主要目的是防止重放（replay）攻击。

4. 可用性

可用性要求传感器网络能够随时按预先设定的工作方式向系统的合法用户提供信息访问服务，但攻击者可以通过伪造和信号干扰等方式使传感器网络处于部分或全部瘫痪状态，破坏系统的可用性，如拒绝服务（denial of service）攻击。

5. 鲁棒性

无线传感器网络具有很强的动态性和不确定性，包括网络拓扑的变化、节点的消失或加入、面临的各种威胁等，因此，无线传感器网络对各种安全攻击应具有较强的适应性，即使某次攻击行为得逞，鲁棒性也能保障其影响最小化。

6. 访问控制

访问控制要求能够对访问无线传感器网络的用户身份进行确认，确保其合法性。

2.6 无线传感器网络的主要用途

虽然无线传感器网络的大规模商业应用由于技术等方面的制约还有待时日，但是最近几年，随着计算机成本的下降以及微处理器体积越来越小的趋势，为数不少的无线传感器网络已经开始被投入使用。目前无线传感器网络的应用主要集中在以下领域：

1. 环境监测和保护

随着人们对环境问题的关注程度越来越高，需要采集的环境数据也越来越多，无线传感器网络的出现为随机性的研究数据的获取提供了便利，并且还可以避免传统数据的收集方式给环境带来的侵入式破坏。英特尔研究实验室的研究人员曾经将32个小型传感器连进互联网，通过读出缅因州“大鸭岛”上的气候来评价一种海燕巢的条件。无线传感器网络还可以跟踪候鸟和昆虫的迁移，研究环境变化对农作物的影响，监测海洋、大气和土壤的成分等，此外，它也可以应用在精细农业中，如监测农作物中的害虫、土壤的酸碱度和施肥状况等。

2. 医疗护理

无线传感器网络在医疗研究、护理领域也可以大展身手。罗切斯特大学的科学家使用无线传感器网络创建了一个智能医疗房间，使用微尘来测量居住者的重要体征（血压、脉搏和呼吸）、睡觉姿势以及每天24小时的活动状况。英特尔公司推出了无线传感器网络的家庭护理技术，该技术是作为探讨应对老龄化社会的技术项目“Center for Aging Services Technologies（CAST）”的一个环节开发的。该系统通过在鞋、家具以及家用电器等家用器具和设备中嵌入半导体传感器，帮助老龄人士、阿尔茨海默病患者以及残障人士的家庭生活。利用无线通信将各传感器联网可高效传递必要的信息，不但方便目标人群接受护理，而且还可以减轻护理人员的负担。英特尔主管预防性健康保险研究的董事Eric Dishman称，“在开发家庭用护理技术方面，无线传感器网络是非常有前景的”。

3. 军事领域

由于无线传感器网络具有密集型、随机分布的特点，其非常适合应用于恶劣的战场环境中，包括侦察敌情，监控兵力、装备和物资，判断生物化学攻击等。美国国防部远景计划研究局已投资几千万美元，帮助大学进行“智能尘埃”传感器技术的研发。哈伯研究公司总裁阿尔门丁格预测：智能尘埃式传感器及有关的技术销售将从2004年的1000万美元增加到2010年的几十亿美元。

4. 目标跟踪

DARPA支持的Sensor IT项目探索如何将WSN技术应用于军事领域，实现所谓的“超视距”战场监测。UCB的教授主持的Sensor Web是Sensor IT的一个子项目，原理性地验证了应用WSN技术进行战场目标跟踪的技术可行性，翼下携带WSN节点的无人机（UAV）飞到目标区域后抛下节点，这些节点将随机撒落在被监测区域，UAV利用安装在节点上的地震波传感器探测到外部目标，如坦克、装甲车等，并根据信号的强弱估算距离，综合多个节点的观测数据，最终定位目标，并绘制出其移动的轨迹。虽然该演示系统在精度等方面还远达不到装备部队用于实战的要求，且这种战场侦察模式目前还没有真正应用于实战，但随着美国国防部将其武器系统研制的主要技术目标从精确制导转向目标感知与定位，相信WSN技术提供的这种新颖的战场侦察模式将会受到军方的关注。

5. 其他用途

无线传感器网络还被应用于其他一些领域，比如在矿井、核电厂等一些危险的工业环境中，工作人员可以通过它来实施安全监测；也可以用在交通领域作为车辆监控的有力工具；此外还可以用在工业自动化生产线等。英特尔公司正在对其工厂中的一个无线网络进行测试，该网络由40台机器上的210个传感器组成，这样组成的监控系统将可以大大改善工厂的运作条件；大幅降低检查设备的成本；同时，由于可以提前发现问题，该系统将能够缩短停机时间，提高效率，并延长设备的使用时间。尽管无线传感器技术目前仍处于初步应用阶段，但它已经展示出了非凡的应用价值，相信随着相关技术的发展和推进，其一定会得到更大的应用。

2.7 无线传感器网络的拓扑维护

2.7.1 拓扑维护基础

无线传感器网络拓扑控制由两部分组成，即拓扑构建和拓扑维护。一旦建立起最初的网络优化拓扑，网络便开始执行它所指定的任务。由于网络任务所包含的每一个行为如感测、数据处理和传输等都需要消耗能量，因此，随着时间的推移，当前的网络拓扑便不再处于最优运行状态，则需要对其进行维护使其重新保持最优或接近最优状态。

1. 拓扑控制定义

无线传感器网络的拓扑控制可以看作一个重复的过程，如图 2.2 所示。首先，所有的无线传感器网络都有一个拓扑初始化阶段，在该阶段，每个节点用其最大发射功率来建立初始拓扑。在初始化阶段后，无线传感器网络通过运行不同的算法或协议来对初始拓扑进行优化，并最终构建一个优化拓扑，该阶段称之为拓扑构建。一旦拓扑构建阶段建立起优化网络拓扑，拓扑维护阶段就必须开始工作。

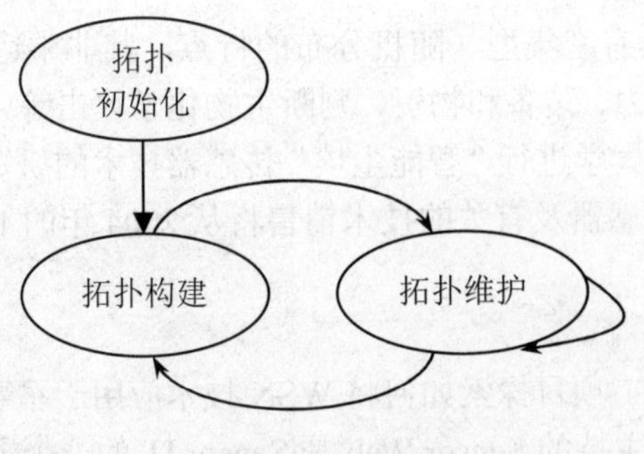

图 2.2 拓扑控制

在拓扑维护阶段，实时监测当前拓扑状态，并在适当的时候触发拓扑恢复或重构过程。从图 2.2 中可知，在网络的生命周期内，拓扑维护周期一直运行，直到网络死亡。

拓扑维护是一个周期性的过程，在每个周期中它由不同的触发标准（如时间、能量、节点故障等）触发，通过尽可能多地轮换节点角色、重新运行拓扑构建过程、调用专用维护算法来修复或重构网络拓扑，均衡网络能量消耗，使新的拓扑成为当前最优或接近当前最优状态，并最终延长网络的生命周期。

2. 拓扑维护设计目标

拓扑维护和其他传感器网络技术一样，其主要目的是延长网络的生命周期。此外，传感器网络被构建用来实现某些任务，如执行传感和传输数据，因此，一个或多个服务质量目标，如保持传感覆盖以及保持网络连通等也通常被考虑，而且，无线传感器网络的应用不同会导致其底层网络的拓扑维护设计目标不同或目标优先次序不同，因此，本文接下来只介绍拓扑维护主要考虑的设计目标。

- 网络生命周期
- 覆盖和连通
- 安全和故障容忍
- 能量效率和收敛时间
- 能量均衡和可扩展性

2.7.2 拓扑维护模型

目前，并没有文献对拓扑维护模型进行描述。为了使读者更好地理解拓扑维护的运行过程及其特点，本节设计了一个通用的拓扑维护模型，如图2.3所示。从图中可知，拓扑维护是一个周期性的过程，每个周期从网络的当前拓扑开始，经过拓扑维护过程生成一个优化的拓扑，周期运行，直到网络死亡。

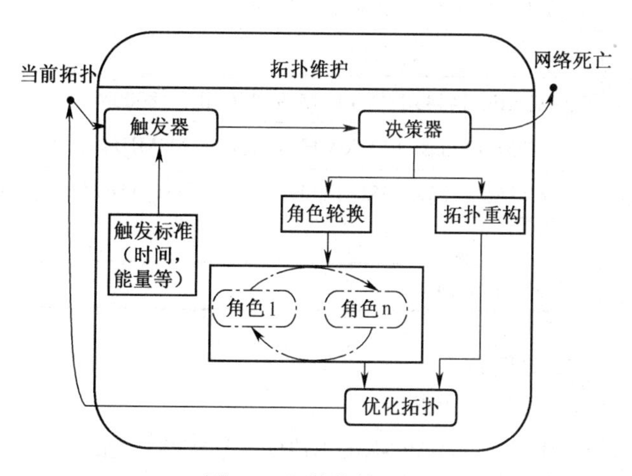

图2.3 拓扑维护周期

每个拓扑维护周期都经由触发器和决策器，其中触发器主要根据设计的触发标准（如时间、能量或节点故障等）来触发拓扑维护过程，决策器用来选择拓扑维护策略。

第 3 章　物联网教学系统操作简介

3.1　RFID 教学实验系统硬件平台简介

KVC-X02 RFID 教学实验产品的规格如表 3.1 所示。

表 3.1　KVC-X02 产品规格

频率	125kHz/13.56MHz/900MHz/2.4GHz
传输协议	ZigBee（IEEE 802.15.4）
协议	ID/ISO/IEC 14443/ISO/IEC 15693/ISO/IEC 18000-6
自动应答类型	ID（125K）/近场（13.56MHz）/远场（900MHz）
感应区域	10cm 以内（125K、ISO 14443）/30cm（ISO 15693）/1m 以内（900MHz）
PC 接口	RS232C
电源	9V DC / 12V DC

RFID 中最有特色的部分的特点：

- RFID 硬件方面：像一个透视镜。

北京京胜世纪科技有限公司的 KVC-X02 RFID 教学实验产品能提取并展现出 RFID 系统中的整个射频信号，包括：编码信号、载波信号、调制信号、调制载波信号、功率放大信号、电子标签返回信号、FSK 解调信号和 ASK 解调信号，就像一个透视镜，可以非常直观地让我们看清楚 RFID 系统中的射频信号，使我们对 RFID 射频部分不再陌生。

- RFID 国际标准指令方面：是一个分析仪。

北京京胜世纪科技有限公司的 KVC-X02 RFID 教学实验系统把 RFID ISO 18000-3 下面的相关指令进行了解析，并把指令包按照功能作用一一拆开进行了分析。该系统提供了大量的实验平台，通过平台执行指令，直观地告诉使用者指令里面不同地方的指令内容的作用，使用者可以直观、形象地感受 RFID 国际标准指令的执行情况，掌握这些指令的作用和使用方法。

- RFID 应用系统方面：是一个模拟器。

北京京胜世纪科技有限公司的 KVC-X02 RFID 教学实验，不仅可以帮助使用者使用 API 接口函数实现 RFID 应用系统的设计开发，而且还可以让使用者从底层通过命令更加直接地控制读写器，模拟整个系统的开发流程，实现整个应用系统的功能。

该实际应用系统的模拟平台提供了全部应用系统的源代码，让使用者能非常迅速地掌握应用系统开发的技巧，达到如下目的：

（1）通过实验观测 RFID 的内部硬件构造，学生能更加有效地学习 RFID 系统设计技术。

（2）学生可以进行实验并理解防碰撞算法和 125K ID、ISO/IEC 15693、ISO/IEC 14443、

ISO/IEC 18000-6 和 ZigBee IEEE 802.15.4 等国际标准协议。

（3）通过模拟平台提供的应用程序接口（API）可以进行 RFID 应用设计，从而培养学生在不同领域内应用 RFID 系统的能力。

（4）了解无线传感网的功能，掌握数据通信的接口。

（5）掌握物联网技术的应用方法。

目标：

- 了解 RFID 的基本概念
- 掌握 RFID 系统硬件射频设计技术
- 理解 ISO/IEC 国际标准协议
- 了解防碰撞算法
- 熟练掌握 RFID 应用系统设计技术
- 了解 WSN 功能和接口
- 熟练掌握物联网应用技术

3.2　物联网虚拟仿真实验平台简介

3.2.1　平台简介

物联网虚拟仿真实验平台（以下简称“虚拟平台”）是基于北京京胜世纪科技有限公司（以下简称“京胜世纪”）的物联网实验平台（以下简称“实验台”），根据实验台中硬件设备的接口和原理模拟出功能相同的虚拟设备。用户可以根据自己的需求列出设备，进行通电连接后即可进行程序测试，避免了真实环境中设备混乱、布线麻烦、设备不稳定以及设备不足等问题。

用户在基于实验台自主开发程序时，可先在虚拟平台进行测试，从而优化自己的代码，在虚拟平台测试无误后，便可在真实实验台进行其他因素（程序稳定性，环境等）的测试。

3.2.2　运行环境

在运行该平台时需保证满足以下条件，否则容易出现异常，甚至导致平台无法正常运行。

（1）电脑安装.NET Framework 4.0 以上。

（2）运行系统为 Windows XP/Windows 7/Windows 8/Windows 10。

（3）电脑配置不能太低，CPU 内存为 4G 最佳。

3.2.3　功能说明

1. *主界面*

主界面由五大部分组成，分别为菜单栏、工具栏、工具箱、实验台、设备/消息列表，如图 3.1 所示。菜单栏汇聚了虚拟平台的全部功能、工具栏汇聚了虚拟平台较常用的功能、工具箱汇聚了虚拟平台的所有虚拟设备。

用户可在工具箱中点击鼠标左键拖动自己需要的设备，实验台则是放置工具箱中拖动的设备和显示设备的位置。

设备/消息列表有两个功能：一个是设备列表，另一个是消息列表。设备列表显示实验台中的全部设备，消息列表则显示实验台设备发送数据或接受数据的信息，如电源节电、断电等提示。

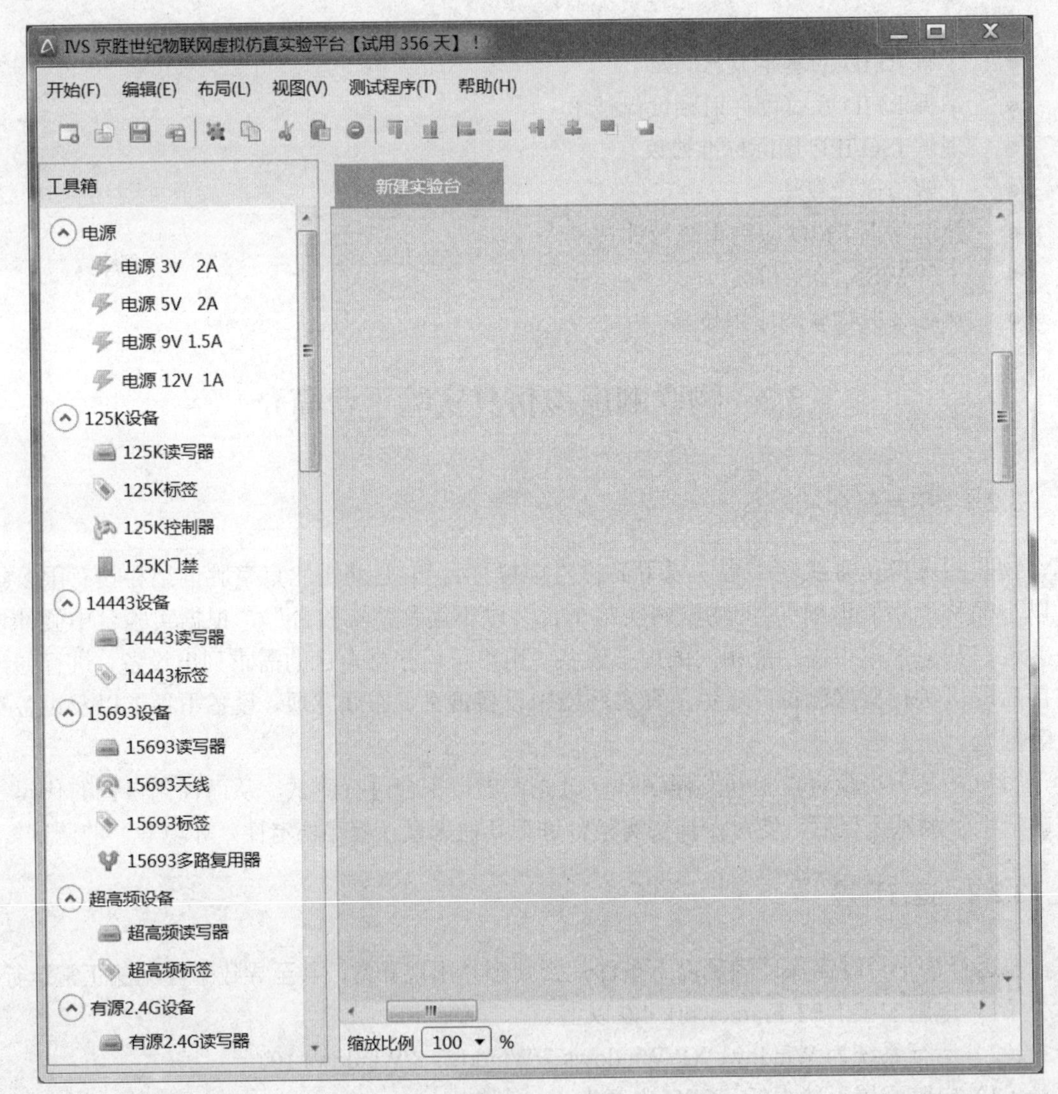

图 3.1　主界面

2. 开始

菜单栏中的“开始”菜单有新建、打开、另存为、退出四个功能。用户可在“开始”菜单中执行相应操作，或利用工具栏从左往右前 4 个图标（分别对应着新建、打开、保存、另存为四个功能）执行相应操作，详细介绍如下：

（1）新建

新建一个实验平台，也可点击工具栏中的“新建”图标，新建一个实验台，如图 3.2 所示。

（2）另存为

将实验平台中的设备进行保存，方便下次使用。可点击工具栏中的“另存为”图标，或者右击“新建实验台”选择“另存为”，最终保存的格式为“.iem”格式，选择保存文件的路径，选择成功后点击“保存”即可。虚拟平台会显示用户保存进度提示，方便用户知道现在已保存到哪个位置。

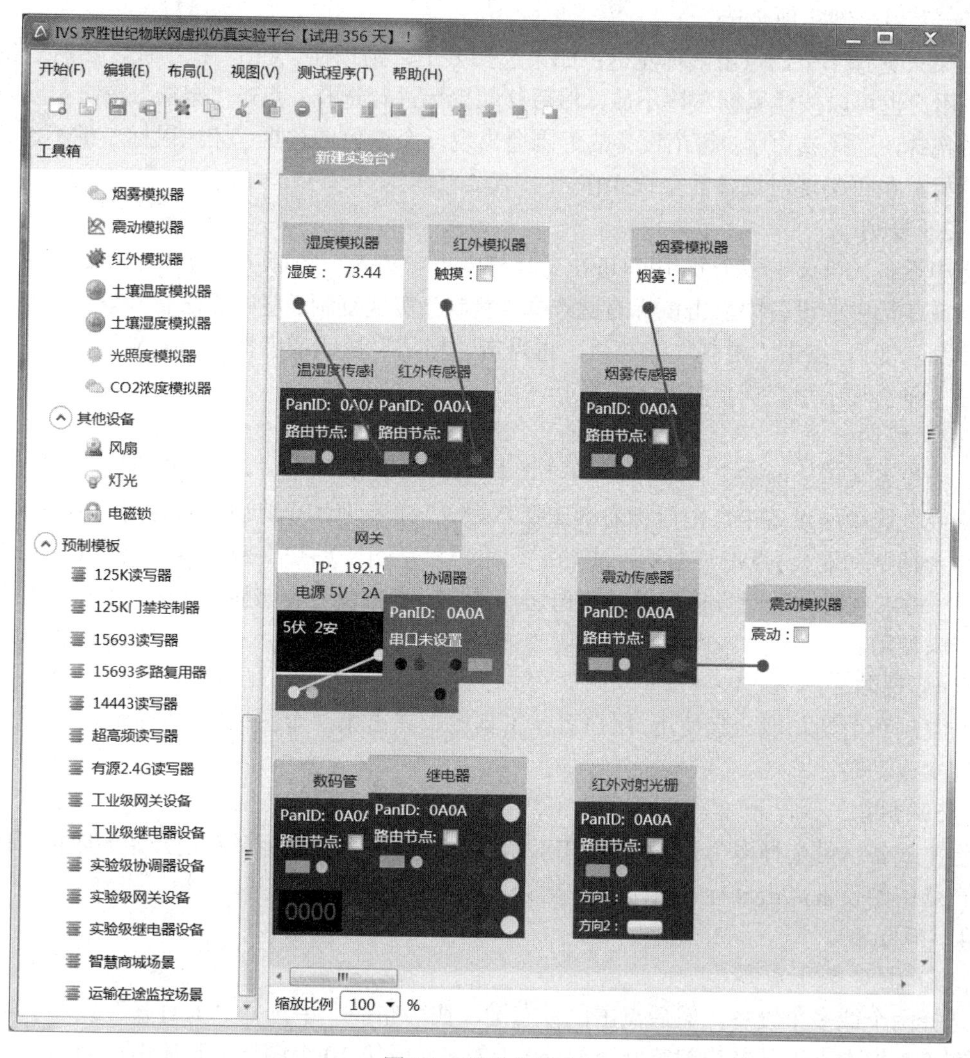

图 3.2　新建实验台

（3）打开

浏览路径，打开“.iem”格式的文件。也可点击工具栏中的“打开”图标。选择刚才保存的路径，点击“打开”。打开成功后，系统会解析文件中的数据，将数据还原成控件。

（4）保存

用户在新建实验台后，需要对该平台进行保存，点击“保存”图标或者按“Ctrl+S”组合键保存。如果该实验台已保存过，执行保存功能时会直接保存，如果没有保存过，需要先选择路径，然后确定保存。

（5）退出

退出功能即退出“物联网虚拟仿真平台”。

3. 编辑

（1）全选

选择实验平台中的所有设备，用户可在工具栏中点击第 4 个图标（左边开始）或者按“Ctrl+A”组合键实现全选。

如果只选择一个，点击鼠标左键；如果选择多个，则按住“Ctrl”键不放，然后点击鼠标左键；用户也可以按住鼠标左键不放，然后移动鼠标进行选择。点击“全选”按钮实现对所有设备的选择，选择成功后，每个设备的外围会出现一个紫色的边框；按住鼠标左键不放，然后拖动鼠标，也可实现对设备的全选操作。

（2）复制

选中设备（可选中多个），用户可在工具栏中点击第 5 个图标（左边开始）或按“Ctrl+C”组合键或在选中的设备中点击鼠标右键选择“复制”实现复制（复制无法看到效果，所以需要配合粘贴功能）。点击“复制”成功后，再点击“粘贴”按钮或者按“Ctrl+V”组合键，实验台的左上角会显示用户需要复制的设备。

（3）剪切

选中设备（可选中多个），用户可在工具栏中点击第 6 个图标（左边开始）或按“Ctrl+X”组合键或在选中的设备中点击鼠标右键选择“剪切”实现剪切（剪切无法看到实际效果，所以需要配合粘贴功能）。点击“剪切”成功后，用户可点击“粘贴”或者按“Ctrl+V”组合键进行粘贴，考虑到剪切功能直接把设备给剪切掉了，在实验台中无法显示出来，所以必须配合粘贴功能来使用。

（4）粘贴

与复制和剪切功能一起使用，用户可在工具栏中点击第 7 个图标（左边开始）或按“Ctrl+V”组合键实现粘贴。

（5）删除

选中设备（可选择多个），用户可在工具栏中点击第 8 个图标（左边开始）或按“Delete”键或在选中的设备点击鼠标右键选择“删除”实现删除。

4. 布局

（1）上对齐/下对齐

选择两个或多个设备，然后点击鼠标右键，在“布局”中选择“上对齐”或“下对齐”，也可在工具栏中点击从左边起第 9 个图标（上对齐）或第 10 个图标（下对齐）。点击“上对齐”按钮后，被选择的设备会实现上对齐；同样，点击“下对齐”按钮后，被选择的设备会实现下对齐。

（2）左对齐/右对齐

选择两个或多个设备，然后点击鼠标右键，在“布局”中选择“左对齐”或“右对齐”，也可在工具栏中点击从左边起第 11 个图标（左对齐）或第 12 个图标（右对齐），实现设备与设备之间的左右对齐。

（3）横向平均/纵向平均

选择三个以上的设备，点击鼠标右键选择“布局”，然后点击“横向平均”或者“纵向平均”，也可点击工具栏中“横向平均”图标或者“纵向平均”图标（位于工具栏中的左 13 和左 14 的位置）。这两个布局的作用是使设备之间的水平间隔距离一致或者垂直间隔距离一致。

（4）置顶/置底

选择一个或多个设备，点击鼠标右键选择“布局”，然后点击“置顶”或者“置底”，也可点击工具栏中“置顶”图标或者“置底”图标（位于工具栏中最后两个位置），当点击“置顶”时，被选择的设备会显示在顶部；置底时，则会显示在底部。

5. 视图

（1）设备列表

点击视图中的“设备列表”后，实验台的最右边会显示设备列表，点击红线标记的框框也可显示设备列表或者隐藏设备列表。

（2）消息列表

点击视图中的“消息列表”后，实验台的最右边会显示消息列表，点击红线标记的框框也可显示消息列表或者隐藏消息列表。

（3）工具箱

点击视图中的“工具箱”后，实验台的最左边会显示工具箱，点击红线标记的框框也可显示工具箱或者隐藏工具箱。

6. 测试程序

“测试程序”菜单主要是对虚拟平台的各个设备进行测试，测试程序有 ISO14443 测试程序、ISO15693 测试程序、ISO18000-6C 测试程序、125K 测试程序、125K 门禁控制器测试程序、2.4G 测试程序、网关测试程序（工业级）、协调器测试程序（实验级）和网关测试程序（实验级）。

（1）ISO14443 测试程序，如图 3.3 所示。

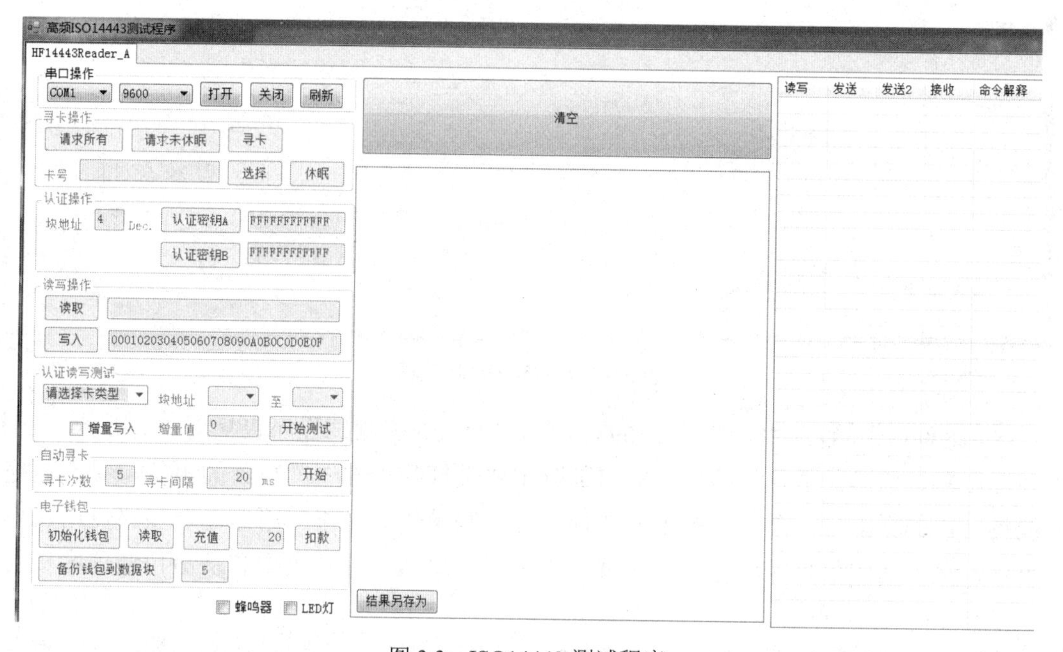

图 3.3 ISO14443 测试程序

ISO14443 测试程序主要用于测试 14443 设备。该测试程序分为三个部分：

- 左边部分有串口操作、寻卡操作、认证操作、读写操作、认证读写测试、自动寻卡、电子钱包，主要是对 14443 读写器和标签的一些基本操作。
- 中间部分是提示的显示和数据的显示，比如串口打开成功、寻到 XX 卡、写数据成功等提示信息。
- 右边部分显示测试程序发给串口的数据，以及串口返回给测试程序的数据。默认情况下是不显示这些信息的，如果需要显示，在右上角打上“√”即可。

（2）ISO15693 测试程序，如图 3.4 所示。

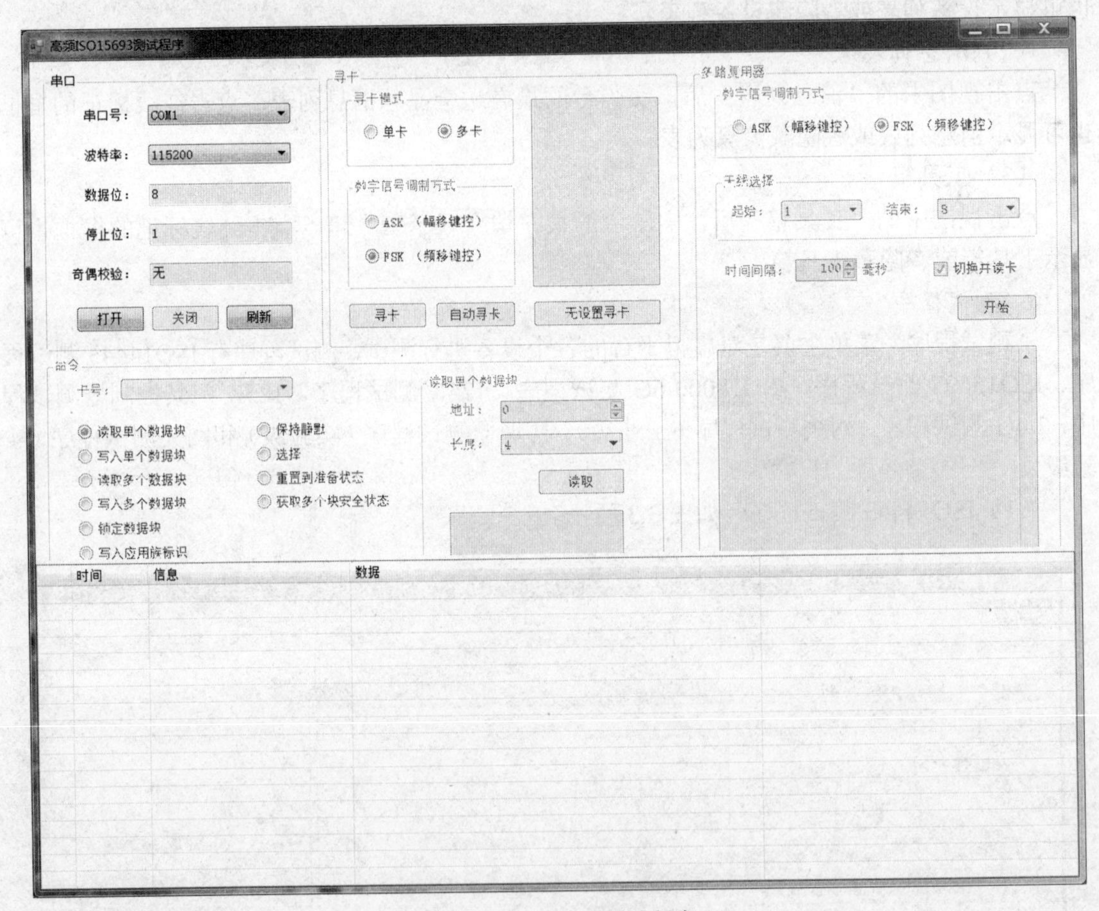

图 3.4　ISO15693 测试程序

ISO15693 测试程序用于测试 15693 设备。ISO15693 测试程序包括串口、寻卡、命令、多路复用器、信息显示等几部分。串口部分主要是打开 15693 读写器的串口，寻卡是搜寻天线场区内的标签号，命令是对 15693 标签的一些操作，多路复用器是对多路复用器设备的测试，最下面的信息显示是显示测试程序利用串口通信发送数据和从串口通信中接收数据的信息。

（3）ISO18000-6C 测试程序，如图 3.5 所示。

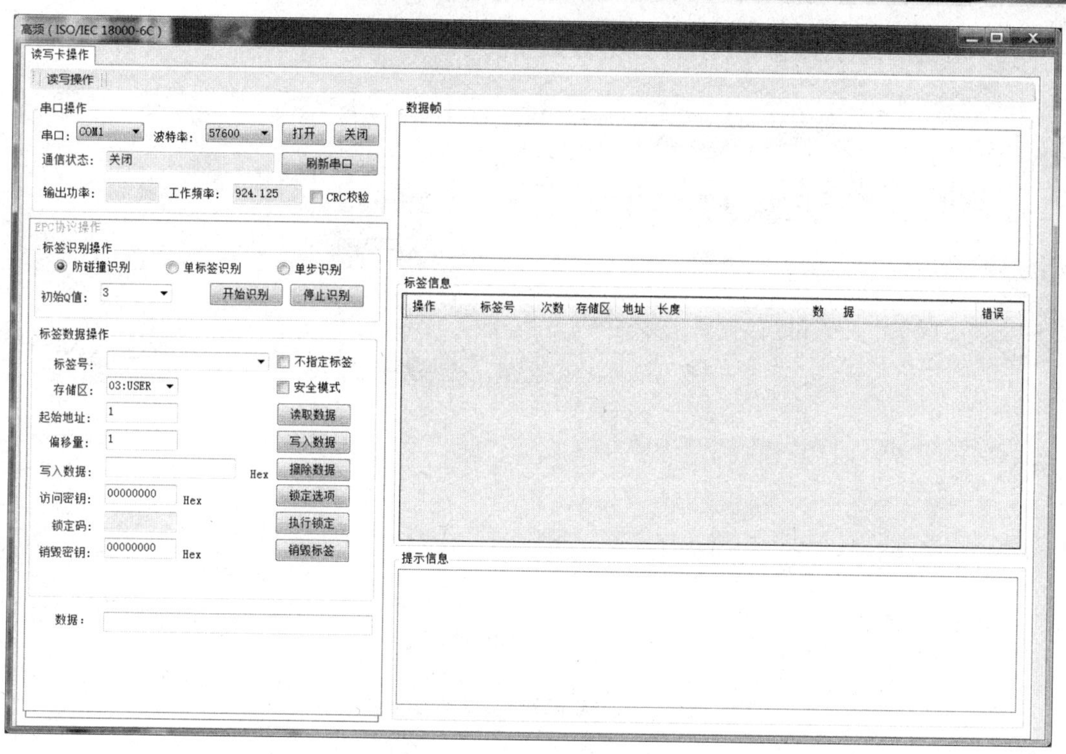

图 3.5　ISO18000-6C 测试程序

（4）125K 测试程序，如图 3.6 所示。

图 3.6　125K 测试程序

（5）125K 门禁控制器测试程序，如图 3.7 所示。

图 3.7　125K 门禁控制器测试程序

（6）2.4G 测试程序，如图 3.8 所示。

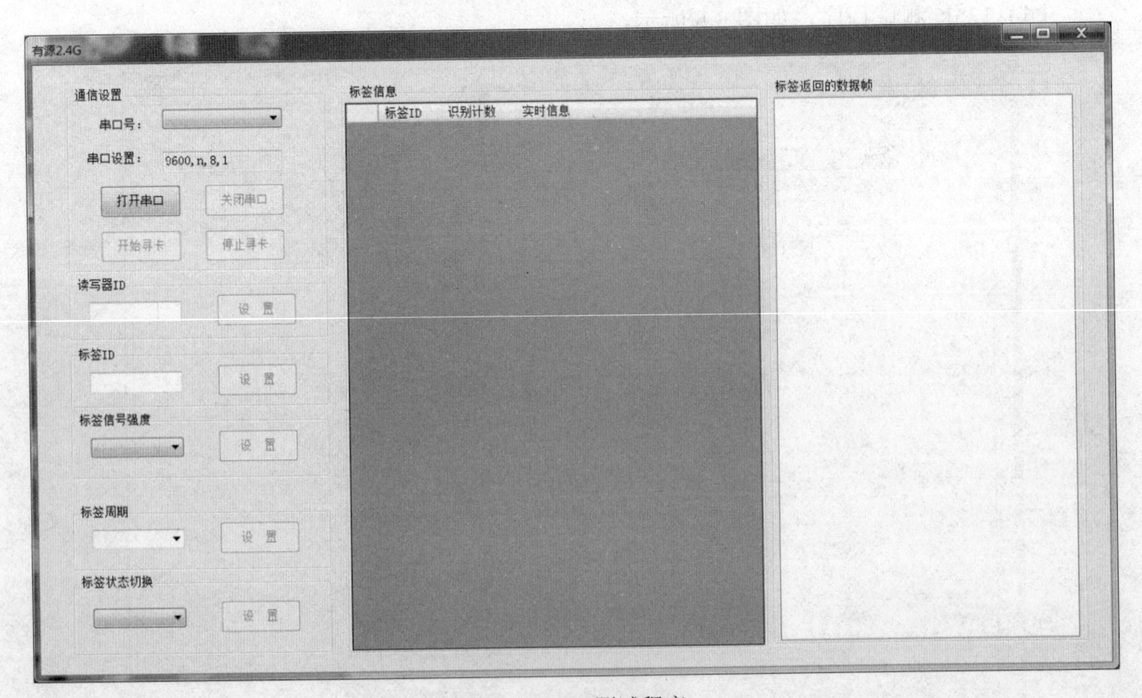

图 3.8　2.4G 测试程序

（7）网关测试程序（工业级），如图 3.9 所示。

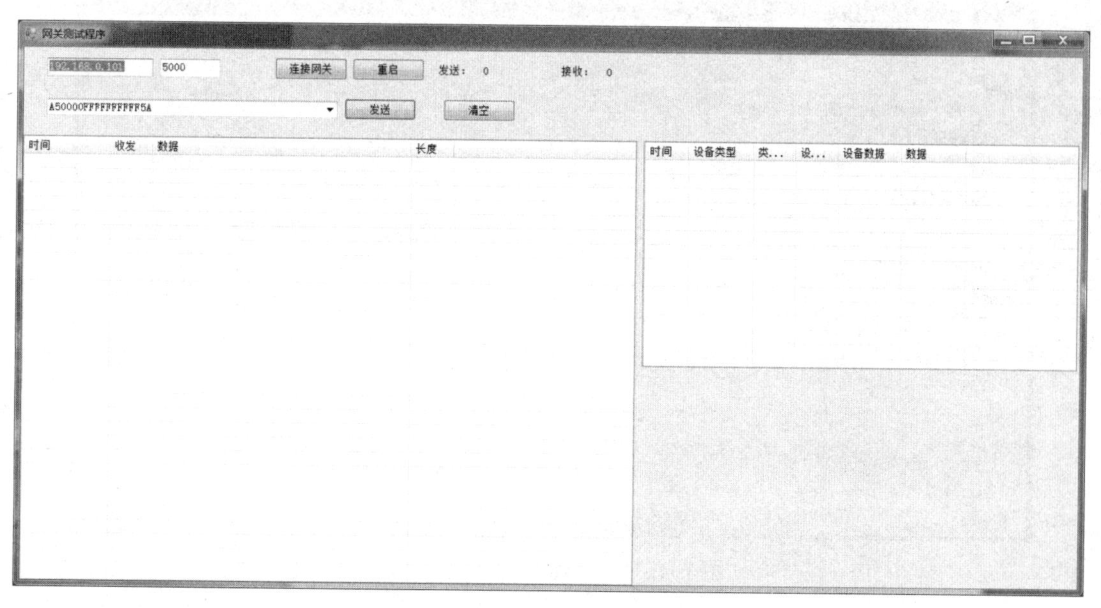

图 3.9　网关测试程序（工业级）

（8）协调器测试程序（实验级），如图 3.10 所示。

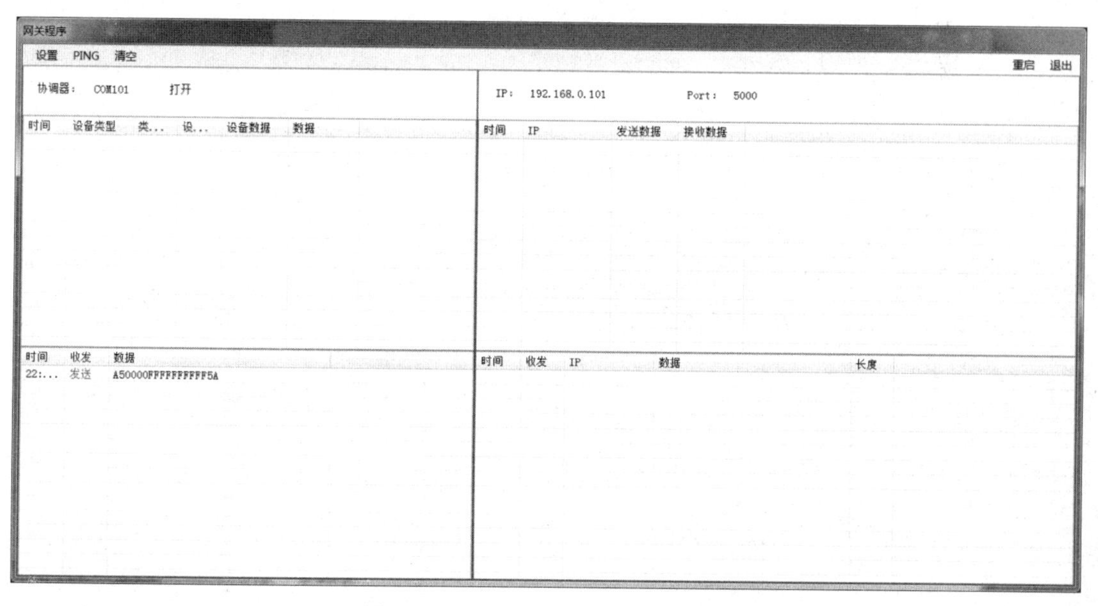

图 3.10　协调器测试程序（实验级）

（9）网关测试程序（实验级），如图 3.11 所示。

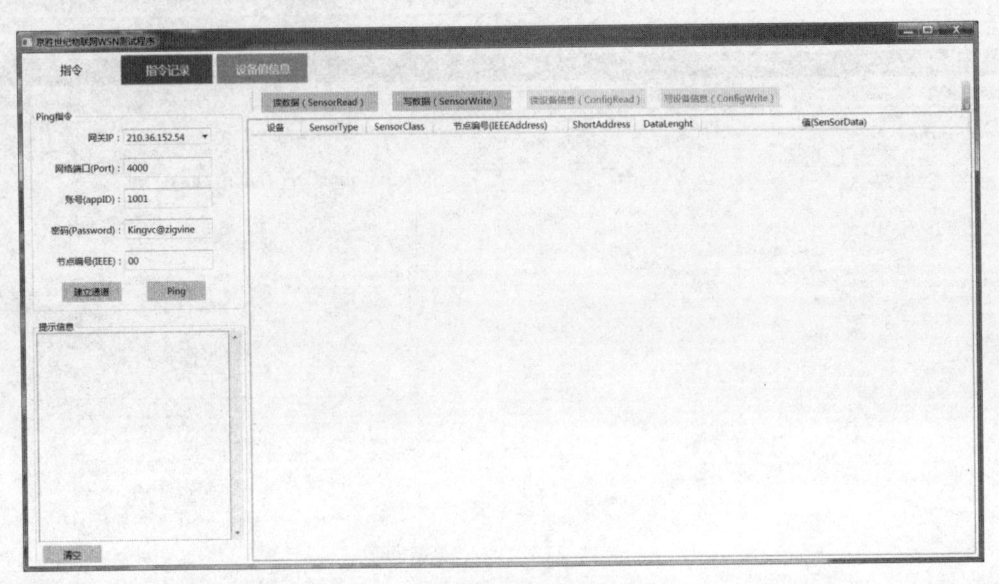

图 3.11　网关测试程序（实验级）

第 4 章　ISO14443 读写操作

本章讲解如何在物联网虚拟仿真实验平台使用 C#语言对 ISO14443 进行读写操作，为后续课程打下坚实的基础。

4.1　ISO14443 的 API 参考手册

ISO14443 访问操作封装于动态链接库 FR102DLL.dll 中，下面对这个链接库的公共函数进行详细介绍。

1. public Byte CloseSerialPort()

描述：关闭串口。

参数：无。

返回值：关闭成功返回 0x00，关闭失败返回 0x01。

示例：Byte value= Reader.CloseSerialPort()

2. public Byte TestReader()

描述：检测设备是否已经连接到当前打开的串口，建议在每次打开串口后立即进行检查。

参数：无。

返回值：连接成功返回 0x00，连接失败返回 0x01。

示例：Byte value= Reader.TestReader ()

3. public Byte RestartReader ()

描述：重新启动 FR102 读写器设备，建议在设备连接成功后、进行读写器相关操作前重启设备。

参数：无。

返回值：启动成功返回 0x00，启动失败返回 0x01。

示例：Byte value= Reader.RestartReader()

4. public Byte ChangeBaudRate(Int32 BaudRate)

描述：修改串口波特率，缺省的波特率为 9600，如果需要修改波特率，建议在重启设备（调用 RestartReader 命令）后进行，如果修改了串口的波特率，则在程序结束运行前一定要关闭串口，否则可能需要重新插拔读写器才能让其正常运行。

参数：BaudRate，波特率。读写器支持的波特率有：7200、9600（缺省值）、14400、19200、38400、57600、115200、128000、230400、460800、921600 和 1228800。因此，在调用函数时，传递的参数不要超出该范围。

返回值：修改成功返回 0x00，修改失败返回 0x0B；

示例：Byte value= Reader. ChangeBaudRate (115200)

5. public Byte PcdRequest(Byte req_code, ref Byte[] TagType)

描述：请求命令，在每次寻卡之前必须运行 Request 命令，以便启动卡片上的 ARQ（请求应答）模块，建立卡片与读写器的通信链路。

参数 1：req_code，请求模式，req_code=0x26，Request Idle，寻天线场区内未休眠的卡；req_code=0x52，Request All，寻天线场区内所有卡。

参数 2：TagType，卡片类型，该参数为引用参数，用于接收函数的返回值，正常情况下返回值（字节数组）的长度为 2Byte，如 0x00 02。特别注意在调用请求命令函数前，一定要先对该参数进行初始化，以便系统为之分配内存空间，在函数运行时存放返回值。

返回值：请求成功返回 0x00，请求失败返回 0x03，读写器天线场区无卡返回 0x02。

示例：Byte[] data = new Byte[2];

Byte value = Reader.PcdRequest(0x52, ref data); //寻天线场区内所有卡

6. public Byte PcdAnticoll(ref Byte[] Snr)

描述：防冲突命令，用于获得天线场区内卡片的序列号，本书提供的版本的类库尚未实现读多卡的功能，因此在使用该命令时需保证场区内只有一张 Mifare 卡。

参数：Snr，卡片序列号，该参数为引用参数，正常情况下返回值的长度为 5Byte，其中前 4 个字节为卡片序列号，第 5 个字节为偶校验码，可用于验证序列号的正确性。

返回值：防冲突成功返回 0x00，防冲突失败返回 0x05。

示例：Byte[] data = new Byte[5];

Byte value = Reader.PcdAnticoll(ref data);

7. public Byte PcdSelect(Byte[] Snr)

描述：选择（激活）命令，用于选定指定参数的卡片，以便进行下一步的操作，如认证。

参数：Snr，卡片序列号，注意该参数不是引用参数，长度为 5Byte，其中前 4 个字节为卡片序列号，第 5 个字节为偶校验码。

返回值：激活成功返回 0x00，激活失败返回 0x06。

示例：Byte[] Snr = new Byte[5] {0x00,0x01,0x02,0x03, 0x00}; //序列号为 0x 00 01 02 03

Byte value = Reader.PcdSelect(Snr);

8. public Byte PcdAuthState(Byte auth_mode, Byte addr, Byte[] Key, Byte[] Snr)

描述：认证命令，用于对指定卡片的指定数据块进行认证，以便进行下一步的操作，如读/写操作必须通过认证后方可进行。Mifare 卡存储介质共 16 个扇区，每扇区 4 个块（Block），每块 16 个字节，其中每个扇区的最后一个块由密钥 A、存取控制和密钥 B 构成，用于对该扇区的数据进行存取控制，详见 Mifare 卡存储结构和存取控制。

参数 1：auth_mode，认证模式，auth_mode=0x60 为认证密钥 A；auth_mode=0x61 为认证密钥 B。

参数 2：addr，块地址。

参数 3：Key，密钥，长度为 6Byte。

参数 4：Snr，卡片序列号，长度 5Byte 或者 4Byte（可以没有第 5 个字节的偶校验码）。

返回值：认证成功返回 0x00，认证失败返回 0x08。

示例：Byte[] Snr = new Byte[5] {0x00,0x01,0x02,0x03}; //序列号为 0x 00 01 02 03

Byte[] KeyA = new Byte[6] {0xFF, 0xFF, 0xFF, 0xFF, 0xFF, 0xFF }; //默认密钥

Byte value=Reader.PcdAuthState(0x60, 0x02, KeyA, Snr); //认证密钥 A

9. public Byte PcdRead(Byte addr, ref Byte[] Read_data)
描述：读取命令，用于读取指定数据块的数据，必须在通过必要的认证后才能执行。
参数 1：addr，块地址。
参数 2：Read_data，引用类型，长度为 16Byte，用于存放读取到的数据。
返回值：读取成功返回 0x00，读取失败返回 0x09。
示例：Byte[] data_Read = new Byte[16];
    Byte value = Reader.PcdRead(addr, ref data_Read);
10. public Byte PcdWrite(Byte addr, Byte[] Write_data)
描述：写入命令，用于向指定的数据块写入数据，必须在通过必要的认证后才能执行。
参数 1：addr，块地址。
参数 2：Write_data，长度为 16Byte，用于存放需要写入的数据。
返回值：写入成功返回 0x00，写入失败返回 0x0A。
示例：Byte[] Write_data = new Byte[16];
    for (Byte i = 0; i < 16; i++) { Write_data [i]=(Byte)i;}
    Byte value = Reader.PcdWrite(addr, ref Write_data);
11. public Byte PcdHalt()
描述：休眠命令，让当前选定的卡进入休眠状态，必须在通过必要的认证后才能执行。
参数：无。
返回值：休眠成功返回 0x00，休眠失败返回 0x07。
示例：Byte value = Reader. PcdHalt();
12. public void BuzzerEnable(Boolean flag)
描述：板载蜂鸣器使能（开启/关闭）命令。
参数：flag，布尔型标识，flag=true 表示开启蜂鸣器，flag=false 表示关闭蜂鸣器。
返回值：无。
示例：Reader.BuzzerEnable(checkBox1.Checked);
13. public void LEDActEnable (Boolean flag)
描述：板载 LED 灯动作使能（开启/关闭）命令。
参数：flag，布尔型标识，flag=true 表示开启 LED 灯，flag=false 表示关闭 LED 灯。
返回值：无。
示例：Reader.LEDActEnable(checkBox2.Checked);
14. public void LEDUserEnable (Boolean flag)
描述：板载 LED 灯用户使能（开启/关闭）命令。
参数：flag，布尔型标识，flag=true 表示开启 LED 灯，flag=false 表示关闭 LED 灯。
返回值：无。
示例：Reader. LEDUserEnable (checkBox2.Checked);

4.2 ISO14443 的读写示例

本实验主要是为了让学生了解打开和关闭、读取和写入 13.56MHz ISO/IEC14443A/B RFID

读写器的基本方法。

开发环境：Microsoft Visual Studio 2012

开发语言：C#

1. 界面设计

新建一个 Windows 应用程序，在项目中新建一个“Tools”文件夹，然后将本书所提供的“Converter.cs”“CRC16Rev.cs”“FR102.cs”三个类文件复制到“Tools”文件夹并添加到项目中。

在 Debug 目录下新建一个名为“serial.ini”的文件并打开，在文件中加入如下两行代码：

```
COM101
9600
```

按照如图 4.1 所示的标注摆放控件。

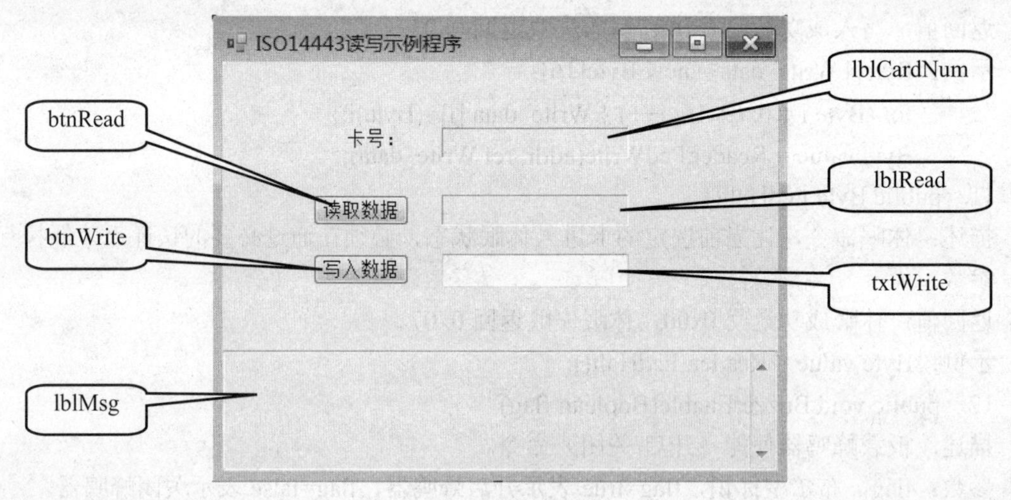

图 4.1　界面设计图

2. 代码编写

```
Tools.FR102 reader = new Tools.FR102();
Converter converter = new Converter();
string[] strConfig = File.ReadAllLines("serial.ini");
Thread myThread;
private void Form1_Load(object sender, EventArgs e)
{
    if (strConfig.Length < 2)
    {
        MessageBox.Show("请先进行串口号和波特率的配置", "提示", MessageBoxButtons.OK,
                MessageBoxIcon.Information);
        return;
    }

    if (reader.OpenSerialPort(strConfig[0]) == 0x00)
    {
        txtMsg.Text = String.Format("◆串口{0}打开成功！", strConfig[0]);
```

```
        }
        else
        {
            txtMsg.Text = String.Format("◆串口{0}打开失败！ ", strConfig[0]);
            return;
        }
        //检测并连接设备
        if (reader.TestReader() == 0x00)
        {
            txtMsg.Text += "\r\n" + String.Format("◆检测到连接到串口{0}的读卡器！ ", strConfig[0]);
        }
        else
        {
            txtMsg.Text += "\r\n" + String.Format("◆没有检测到连接到串口{0}的设备，请检查与设备连接
                    的串口！ ", strConfig[0]);
            ClosePort();
            return;
        }
        if (reader.RestartReader() == 0x00)
        {
            txtMsg.Text += "\r\n" + "◆设备重启成功！ ";
        }
        else
        {
            txtMsg.Text += "\r\n" + "◆设备重启失败！ ";
            ClosePort();
            return;
        }
        if (reader.ChangeBaudRate(Int32.Parse("9600")) == 0x00)
        {
            txtMsg.Text += "\r\n" + "◆修改串口波特率成功！ ";
        }
        else
        {
            txtMsg.Text += "\r\n" + "◆修改串口波特率失败！ ";
            ClosePort();
            return;
        }

        myThread = new Thread(new ThreadStart(CrossThreadInvoke));
        myThread.IsBackground = true;
        myThread.Start();
    }
    private void ClosePort()
    {
        if (reader.CloseSerialPort() == 0x00)
```

```
        {
            txtMsg.Text += "\r\n" + String.Format("◆串口{0}关闭成功！ ", strConfig[0]);
        }
}

/// <summary>
/// 跨线程调用方法
/// </summary>
private void CrossThreadInvoke()
{
    //将无线循环和 Sleep 放在等待异步外面
    while (true)
    {
        GetCardNum();
        Thread.Sleep(500);
    }
}

private void UpdateLblCardNum(string str)
{
    if (lblCardNum.InvokeRequired)
    {
        Action<string> actionDelegate = delegate(string txt)
            {
                if (txt != lblCardNum.Text)
                {
                    lblCardNum.Text = txt;
                }
            };
        lblCardNum.Invoke(actionDelegate, str);
    }
}

private void AddMsg(string str)
{
    if (txtMsg.InvokeRequired)
    {
        Action<string> actionDelegate = (x) =>
        {
            txtMsg.Text += "◆" + str;
        };
        txtMsg.Invoke(actionDelegate, str);
    }
}

public void GetCardNum()
```

```
{
    string cardID;
    byte[] TagType;
    byte[] TagNumber;

    //寻天线区场内所有卡，得到卡类型
    if (reader.PcdRequest(0x52, out TagType) != FR102.StatusCode.AllDone)
    {
        UpdateLblCardNum("无卡");
        return;
    }
    //防冲撞，得到卡号
    FR102.StatusCode ec2 = reader.PcdAnticoll2(out TagNumber);
    //将数组 TagNumber 转换为字符串
    cardID = converter.ArrayToHexStr(TagNumber);

    if (cardID == "00000000")
    {
        cardID = "";
    }

    //设置蜂鸣器
    reader.EnableBuzzer(true);
    //设置 LED 灯
    reader.EnableLEDAct(true);
    Thread.Sleep(1000);
    reader.EnableBuzzer(false);
    reader.EnableLEDAct(false);

    //将字符串 cardID 转换为数组
    byte[] TagNumber2 = converter.HexStrToArray(cardID);
    //选定卡片
    FR102.StatusCode ec3 = reader.PcdSelect(TagNumber2);
    if (cardID != lblCardNum.Text)
    {
        UpdateLblCardNum(cardID);
    }
}

/// <summary>
/// 字符串数据转换为 List 类型
/// </summary>
/// <param name="str"></param>
/// <returns></returns>
public List<byte[]> To16(string str)
{
    byte[] buffer = System.Text.Encoding.UTF8.GetBytes(str);
```

```
        List<byte[]> myArr = new List<byte[]>();
        byte[] arr;
        int a = buffer.Length / 16;
        int b = buffer.Length % 16;
        for (int k = 0; k < a; k++)
        {
            arr = new byte[16];
            for (int m = 0; m < 16; m++)
            {
                arr[m] = buffer[k * 16 + m];
            }
            myArr.Add(arr);
        }
        if (b != 0)
        {
            byte[] arr1 = new byte[16];
            for (int n = 0; n < 16; n++)
            {
                if (n < b)
                {
                    arr1[n] = buffer[a * 16 + n];
                }
                else
                {
                    arr1[n] = System.Text.Encoding.UTF8.GetBytes("@")[0];
                }
            }
            myArr.Add(arr1);
        }
        byte[] allByte = new byte[myArr.Count * 16];
        for (int k = 5; k < myArr.Count + 5; k++)
        {
            string temp1 = "";
            byte[] byteArr = myArr[k - 5];
            for (int x = 0; x < byteArr.Length; x++)
            {
                temp1 = byteArr[x].ToString();
            }
         }
         return myArr;
}

/// <summary>
///  认证密钥的方法
/// </summary>
/// <param name="strCardNum">卡号</param>
private void AuthenticateKey(string strCardNum)
{
    byte addr = byte.Parse("4");
    //将密钥转换成字节数组
```

```
        byte[] keyA = converter.HexStrToArray("FFFFFFFFFFFF");
        //将卡号转换成字节数组
        byte[] tagNum = converter.HexStrToArray(strCardNum);
        //调用 PcdAuthState 方法验证密钥
        FR102.StatusCode ec = reader.PcdAuthState(0x60, addr, keyA, tagNum);
    }

    private void btnWrite_Click(object sender, EventArgs e)
    {
        myThread.Suspend();
        AuthenticateKey(lblCardNum.Text);
        string strData = txtData.Text.Trim();
        List<byte[]> myArr = To16(strData);
        byte[] allByte = new byte[myArr.Count * 16];
        FR102.StatusCode ec = FR102.StatusCode.WriteErr;

        for (int i = 5; i < myArr.Count + 5; i++)
        {
            byte[] byteArr = myArr[i - 5];
            ec = reader.PcdWrite(byte.Parse(i.ToString()), byteArr);
        }
        if (ec == 0x00)
        {
            txtData.Text = "";
            txtMsg.Text += "\r\n◆数据写入成功！ ";
        }
        lblRead.Text = ReadCard(lblCardNum.Text);
        myThread.Resume();
    }

    private string ReadCard(string strCardNum)
    {
        if (strCardNum == "")
        {
            txtMsg.Text += "\r\n◆未读到卡片，请确定卡片已放在读卡器上！ ";
        }
        string strInformation = "";
        byte[] data;

        //验证密钥
        AuthenticateKey(strCardNum);
        FR102.StatusCode ec = FR102.StatusCode.ComErr;

        for (int i = 5; i < 7; i++)
        {
            ec = reader.PcdRead(Convert.ToByte(i), out data);
            strInformation += System.Text.Encoding.UTF8.GetString(data);
        }

        if (ec == 0x00)
```

```
        {
            return strInformation.Substring(0, strInformation.IndexOf('@'));
        }
        else
        {
            return "";
        }
    }

    private void btnRead_Click(object sender, EventArgs e)
    {
        myThread.Suspend();
        lblRead.Text = ReadCard(lblCardNum.Text);
        myThread.Resume();
    }
```

3. 运行程序

打开物联网虚拟仿真实验平台，按照图 4.2 所示的方式创建 ISO14443 读写器及卡片。

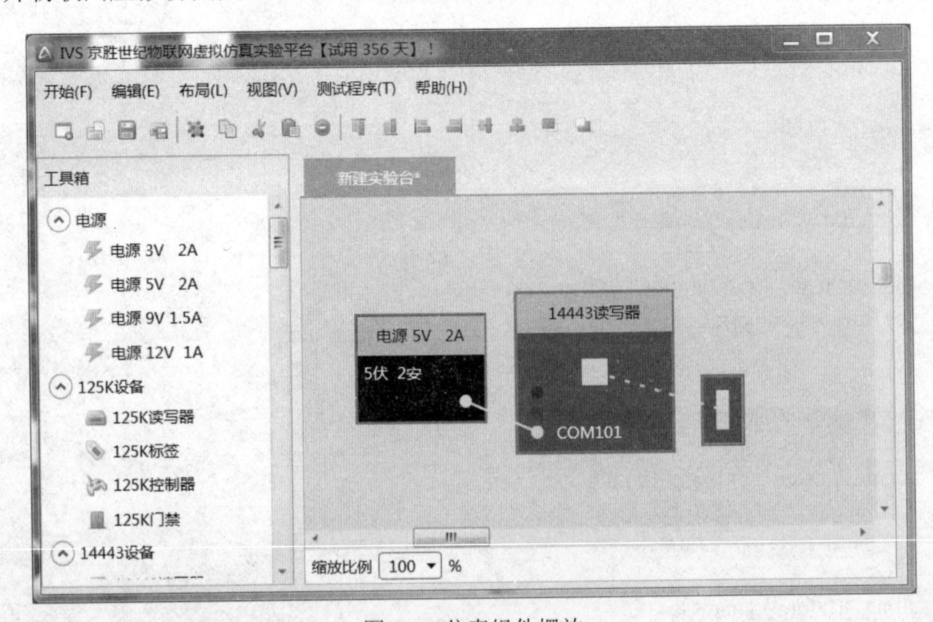

图 4.2　仿真组件摆放

运行程序，程序自动读取 ISO14443 卡号，写入内容并查看效果。

本程序使用了一个后台线程，每隔 1 秒读取是否有新卡片，并在写入数据后，自动读取一次卡片里的数据。

第 5 章　无线传感器网络的访问控制

无线传感器网络（WSN）网关动态链接库 WSN_GRIP_dll.dll（以下简称“动态库”）是应用程序和 WSN 网关进行连接的动态库文件，包括数码管节点、温湿度节点、WSN 网关和应用程序间的通信，使用相应的命令可以实现各节点信息的读取。

WSN_GRIP_dll.dll 动态库用于应用程序和 WSN 网关之间的通信，用户可以通过书中提供的一些基本的函数接口实现更复杂、更强大的 WSN 网关应用。该动态库在整个软件体系中的作用如图 5.1 所示。

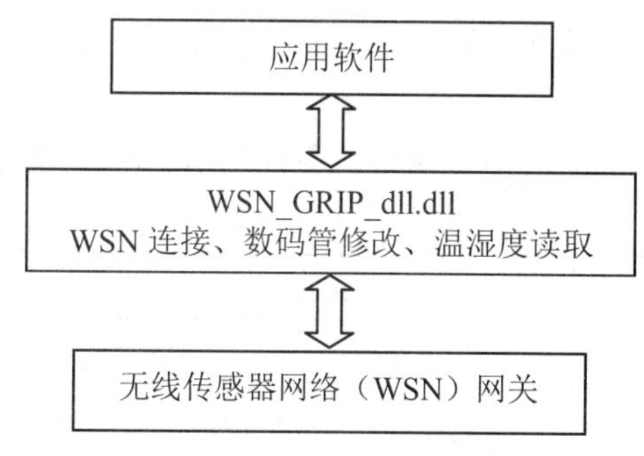

图 5.1　WSN_GRIP_dll.dll 动态库作用示例图

5.1　WSN 动态链接库使用方法及注意事项

1. 请按照以下步骤进行操作使用

- 将动态库拷贝到应用程序目录下。
- 选择使用的函数，根据编译平台生成头文件或函数描述文件或进行添加引用。
- 将文件添加到相应的工程目录下。
- 在源文件或工程中加入函数声明或描述文件。

2. 常见注意事项

（1）设备的启动

先启动网关，待网关完全启动出现 Linux 界面且各项服务加载完成后再启动各节点。

网关和节点启动后，注意节点上的 ZigBee 指示灯的闪烁情况，判断节点和网关是否已将局域网络组建成功。

（2）节点信息的发送与回复

对于动态库中的一些错误码、事件码等信息要多加注意，程序编写中动态库与网关的通信信息、返回值等的异常对程序调试都有很大的帮助。

（3）网关自身的工作问题

网关在程序与其长时间没有进行通信时，会主动将程序排出连接状态，此时将无法继续通信，需要重新进行连接。

注意节点的短地址可能会有所不同，每次节点连接后网关都会为其分配短地址。

3. 关键字

长地址 节点自身的编号，类似于硬件 ID，是唯一的标识符。

短地址 节点加入网关的网络后，会被分配一个地址，这个地址是可变的，每次生成可能会不同。

WSN wireless sensor network 无线传感器网络

5.2 WSN 动态链接库函数接口

5.2.1 总体描述

在调用函数进行开发前，请先了解下面的内容；开发过程中也可随时查阅下面的内容。

1. 节点连接状态

节点和网关连接时涉及到节点的连接状态如表 5.1 所示。

表 5.1 节点连接状态

状态	含义	代码
APP_INIT	初始化	0x00
APP_START	已启动并已加入网络	0x01
APP_BOUND	已绑定	0x02
Unknown	未知	0xFF

2. 节点连接错误信息含义

节点和网关连接产生的错误信息含义如表 5.2 所示。

表 5.2 节点连接错误信息含义

错误信息	含义	代码
NWM_SUCCESS	成功	0x0000
NWM_ADDR_ERR	地址错	0x1001
NWM_CONF_DATA_ERR	配置数据错	0x1002
NWM_WRITE_NV_FAILED	闪存写入失败	0x1003
NWM_WRITE_SENSOR_FAILED	写传感器失败	0x1004
NWM_RADIO_SEND_FAILED	射频发送失败	0x1005

3. 节点连接事件码含义

网关和节点连接后产生的事件码对应的含义如表 5.3 所示。

表 5.3 节点连接事件码含义

事件	含义	代码
DeviceStartedEvent	启动事件	0x0001
NWMConfigChangedEvent	节点配置修改事件	0x0002
NWMCommandFailedEvent	命令执行失败事件	0x0003
NWMReadSensorFailedEvent	读传感器失败事件	0x0004
NWMRadioSendFailedEvent	射频发送失败事件	0x0005

4. 节点连接命令字含义

网关和节点连接后发送和返回的命令字对应的含义如表 5.4 所示。

表 5.4 节点连接命令字含义

命令字	含义	代码
NWM_PING	链路检测命令。此命令将引发一个 NWM_STATUS_REPORT，上报原因填写网关引发（网关->节点或应用->网关）	0x0001
NWM_PING_RESP	链路检测命令响应（节点->网关或网关->应用）	0x8001
NWM_CONFIG_READ	节点配置读取命令（网关->节点）	0x0002
NWM_CONFIG_READ_RESP	节点配置读取命令响应（节点->网关）	0x8002
NWM_CONFIG_WRITE	节点配置写入命令，此命令将引发一个节点配置修改事件，上报原因为网关修改（网关->节点）	0x0003
NWM_CONFIG_WRITE_RESP	节点配置写入命令响应（节点->网关）	0x8003
NWM_SENSOR_READ	读取数据命令，此命令将引发一个 NWM_SENSOR_REPORT，网关可采用此命令主动读取传感器数据或执行器数据（网关->节点）	0x0004
NWM_SENSOR_READ_RESP	读取数据命令响应（节点->网关）	0x8004
NWM_SENSOR_WRITE	写入数据命令，此命令如果写入失败将引发一个命令执行失败事件，上报原因为网关写入失败（网关->节点）	0x0005
NWM_SENSOR_WRITE_RESP	写入数据命令响应（节点->网关）	0x8005
NWM_SENSOR_REPORT	节点数据报告命令（节点->网关）	0x0006
NWM_SENSOR_REPORT_RESP	节点数据报告命令响应（网关->节点）	0x8006
NWM_STATUS_REPORT	节点状态报告命令，报告节点当前状态及配置信息（节点->网关）	0x0007
NWM_STATUS_REPORT_RESP	节点状态报告命令响应（网关->节点）	0x8007
NWM_DEBUG_REPORT	节点调试信息报告命令，应用中不建议使用该命令（节点->网关）	0x0008
NWM_DEBUG_REPORT_RESP	节点调试信息报告命令响应（网关->节点）	0x8008
NWM_EVENT_REPORT	节点事件报告命令（节点->网关）	0x0009
NWM_EVENT_REPORT_RESP	节点事件报告命令响应（网关->节点）	0x8009
NWM_CONNECT	应用向网关发起连接请求（应用->网关）	0x00FE
NWM_CONNECT_RESP	连接请求响应（网关->应用）	0x80FE
NWM_HEARTBEAT	心跳（消息体为空，网关->节点）	0x00FF
NWM_HEARTBEAT_RESP	心跳响应（消息体为空，节点->网关）	0x80FF

5. 消息中各部分结构的长度信息

在网关和节点的通信中，所有的信息都要按照规定的格式进行传输，信息各部分结构的长度也有相应的限制，如表 5.5 所示。

6. 节点类型码区分

节点自身的类型码表示节点类型，如表 5.6 所示。

表 5.5　节点通信消息中各部分结构的长度信息

消息	含义	长度
HEADLENGTH	消息头长度	6
CONNECT_LENGTH	应用向网关发起连接请求长度	35
CONNECT_RESP_LENGTH	连接请求响应长度	2
PING_LENGTH	链路检测命令长度	10
PING_REST_LENGTH	链路检测命令响应长度	10
CONFIG_READ_LENGTH	节点配置读取命令长度，一个节点字节长度为 10，该消息体长度为 1 个字节的节点数量+节点数量 CONFIG_READ_LENGTH	10
CONFIG_READ_RESP_LENGTH	节点配置读取命令响应长度	10
CONFIG_WRITE_LENGTH	节点配置写入命令长度，一个节点字节长度为 10，该消息体长度为 1 个字节的节点数量+节点数量 CONFIG_WRITE_LENGTH+节点配置数据长度	10
CONFIG_WRITE_RESP_LENGTH	节点配置写入命令响应长度	10
SENSOR_READ_LENGTH	读取数据命令长度，一个节点字节长度为 10，该消息体长度为 1 个字节的节点数量+1 个字节的传感器类别编号+2 个字节的传感器型号编号+节点数量 SENSOR_READ_LENGTH	10
SENSOR_READ_RESP_LENGTH	读取数据命令响应长度	10
SENSOR_WRITE_LENGTH	写入数据命令长度，一个节点字节长度为 10，该消息体长度为 1 个字节的节点数量+1 个字节的传感器类别编号+2 个字节的传感器型号编号+1 个字节的数据长度+数据长度+节点数量 SENSOR_WRITE_LENGTH	10
SENSOR_WRITE_RESP_LENGTH	写入数据命令响应长度	10
SENSOR_REPORT_LENGTH	节点数据报告命令长度，长度为 SENSOR_REPORT_LENGTH+数据长度（DataType=0x01 时，为 SensorData；DataType=0x02 时，为 ConfigInfo）	20
SENSOR_REPORT_RESP_LENGTH	节点数据报告命令响应长度	2
STATUS_REPORT_LENGTH	节点状态报告命令长度	69
STATUS_REPORT_RESP_LENGTH	节点状态报告命令响应长度	2
SENSORDATA_LENGTH	传感器数据项长度，长度为 SENSORDATA_LENGTH+传感器数据长度（SensorDataLength）	4
CONFIGINFO_LENGTH	节点配置项长度	186
EVENT_REPORT_LENGTH	节点事件报告命令长度，不包括 EventData 长度	23
EVENT_REPORT_RESP_LENGTH	节点事件报告命令响应长度	2

表 5.6　节点类型码

设备节点	含义	类型码
网关	Gateway	0x00
路由器	Router	0x01
终端节点	EndDevice	0x02

5.2.2 函数列表

下面介绍常见的函数列表，如表 5.7 所示。

表 5.7 函数列表

编号	函数名	函数功能
1	GetSequenceID	获取消息流水号
2	GetStatus	获取接收到的信息的 Status 状态值
3	GetSendMessage	获取发送的数据包的 byte 数组
4	GetReceiveMessage	获取接收的数据包信息
5	GRIP_MessageBody_Config_Read	节点配置读取命令
6	ConvertToSendBytes	将消息体转换为要发送的 byte 数组格式的方法，按照本地字节和网络字节的顺序转换(消息的发送要通过该方法进行格式转换)
7	ConvertReceiveBytes	转换接收到的消息体,按照本地字节和网络字节的顺序转换(接收到的消息要使用此方法安装相应的格式进行转换)
8	GRIP_MessageBody_Config_Write	节点配置写入命令
9	GRIP_MessageBody_Connect	程序向网关发起连接请求
10	GetAuth	计算鉴权信息，即对连接密码的验证
11	GRIP_MessageBody_Connect_Resp	连接请求响应
12	GRIP_MessageBody_Event_Report	节点事件报告命令
13	GRIP_MessageBody_Event_Report_Resp	节点事件报告命令响应
14	GRIP_MessageBody_Ping	链路检测命令
15	GRIP_MessageBody_Sensor_Read	读取数据命令
16	GRIP_MessageBody_Sensor_Report	节点报告命令
17	GRIP_MessageBody_Sensor_Report_Resp	节点报告命令响应
18	GRIP_MessageBody_Sensor_Write	写入数据命令
19	GRIP_MessageBody_Status_Report	节点状态报告命令
20	GRIP_MessageBody_Status_Report_Resp	节点状态报告命令响应
21	GRIP_MessageHead	消息头类，要发送和接收的消息头
22	GetHeadBytesOfSend	获取发送的消息头的 byte 数组格式，按照本地字节和网络字节的顺序转换
23	GetHeadBytesOfReceive	获取接收消息的消息头,按照本地字节和网络字节的顺序转换
24	GRIP_Node	节点对象类，长地址和短地址
25	GetDataTypeSendBytes	获取传感器数据项要发送的 byte 数组
26	GetDataTypeReceiveBytes	获取由接收到的 byte 数组转换的 DataType 类型数据
27	SetSensorData_LED	设置数码管显示信息
28	GetSensorData_LED	获取数码管显示数值

续表

编号	函数名	函数功能
29	GetSensorData_SHT	获取温湿度节点值
30	StrToHexBytes	字符串转换为十六进制字节数组，排除字符中的空格
31	StrFormatToHexBytes	字符串转换为十六进制字节数组，排除字符中的“-”符号
32	BytesToHexStr	字节数组转换为十六进制字符串
33	BytesToHexStrFormat	字节数组转换为十六进制字符串（带格式）

5.2.3 函数详细说明

1．GetSequenceID

功能描述	获取消息流水号
函数原型	public UInt16 GetSequenceID()
参数	无
返回值	无

2．GetStatus

功能描述	获取接收到的信息的 Status 状态值
函数原型	public string GetStatus(UInt16 status)
参数	status，16 位无符号整数类型，状态值 0x0000 表示成功，0x1001 表示地址错误，0x1002 表示配置数据错误，0x1003 表示闪存写入失败，0x1004 表示写传感器失败，0x1005 表示射频发送失败
返回值	string 型，解释状态值所代表的含义

3．GetSendMessage

功能描述	获取发送的数据包的 byte 数组
函数原型	public byte[] GetSendMessage(GRIP_MessageHead messageHeadSend, GRIP_MessageBody messageBodySend)
参数	messageHeadSend，要发送的数据包的消息头，GRIP_MessageHead 对象类型；messageBodySend，要发送的数据包的消息体，GRIP_MessageBody 对象类型
返回值	byte 型数组，将接收到的信息转换为 byte 数组

4．GetReceiveMessage

功能描述	获取接收的数据包信息
函数原型	public void GetReceiveMessage(byte[] recvSrc, GRIP_MessageHead recvHead, GRIP_MessageBody recvBody)
参数	recvSrc，接收到的数据包 byte 数组，byte 数组类型；recvHead，接受到的消息头信息，GRIP_MessageHead 对象类型；recvBody，接受到的消息体的信息，GRIP_MessageBody 数据类型
返回值	无

5．GRIP_MessageBody_Config_Read

功能描述	节点配置读取命令
函数原型	public GRIP_MessageBody_Config_Read(byte deviceCount, List<GRIP_Node> nodeList): base()
参数	deviceCount，WSN 网络中节点的数量，byte 类型；nodeList，节点集合，GRIP_Node 对象的泛型集合
返回值	无

6．ConvertToSendBytes

功能描述	将消息体转换为要发送的 byte 数组格式的方法，按照本地字节和网络字节的顺序转换（消息的发送要通过该方法进行格式转换）
函数原型	public override void ConvertToSendBytes()
参数	无
返回值	无

7．ConvertReceiveBytes

功能描述	转换接收到的消息体，按照本地字节和网络字节的顺序转换（接收到的消息要使用此方法按照相应的格式进行转换）
函数原型	public override void ConvertReceiveBytes(byte[] recvSrc)
参数	无
返回值	无

8．GRIP_MessageBody_Config_Write

功能描述	节点配置写入命令
函数原型	public GRIP_MessageBody_Config_Write(byte deviceCount, GRIP_NodeConfigInfo nodeConfigInfo, List<GRIP_Node> nodeList) : base()
参数	deviceCount，设备数量 byte 类型数据；NodeConfigInfo，节点配置数据，GRIP_NodeConfigInfo 类型；nodeList，节点集合，GRIP_Node 对象泛型集合
返回值	GRIP_MessageBody 对象类型，节点修改后回馈信息存储到其中

9．GRIP_MessageBody_Connect

功能描述	程序向网关发起连接请求
函数原型	public GRIP_MessageBody_Connect(byte type, string appID, string password) : base()
参数	type，连接类型，0 代表 T1 通道，1 代表 T2 通道，byte 类型；appID，应用服务标识号，由网关分配，范围为 1000～9999，相当于连接的用户名，string 类型；password，鉴权信息，相当于连接的密码，string 类型
返回值	GRIP_MessageBody 对象类型，连接后会返回相应的信息，这些信息在消息体的对象中回传给应用程序

10．GetAuth

功能描述	计算鉴权信息，即对连接密码的验证
函数原型	private void GetAuth()
参数	无
返回值	无

11．GRIP_MessageBody_Connect_Resp

功能描述	连接请求响应
函数原型	public GRIP_MessageBody_Connect_Resp()
参数	无
返回值	GRIP_MessageBody 对象类型，初始化后会将状态值变为 0，并以 GRIP_MessageBody 类型返回

12．GRIP_MessageBody_Event_Report

功能描述	节点事件报告命令
函数原型	public GRIP_MessageBody_Event_Report(): base()
参数	无
返回值	无

13．GRIP_MessageBody_Event_Report_Resp

功能描述	节点事件报告命令响应
函数原型	public GRIP_MessageBody_Event_Report_Resp(UInt16 status): base()
参数	status，错误码， 16 位无符号整数
返回值	无

14．GRIP_MessageBody_Ping

功能描述	链路检测命令
函数原型	public GRIP_MessageBody_Ping(string iEEEAddress, UInt16 shortAddress): base()
参数	iEEEAddress，string 类型，节点的长地址；shortAddress，UInt16 类型，节点的短地址
返回值	无

15．GRIP_MessageBody_Sensor_Read

功能描述	读取数据命令
函数原型	public GRIP_MessageBody_Sensor_Read(byte deviceCount, byte sensorClass, UInt16 sensorType, List<GRIP_Node> nodeList): base()
参数	deviceCount，byte 类型，设备数量；sensorClass，byte 类型，传感器类型编号；sensorType，UInt16 类型，传感器型号编号；nodeList，GRIP_Node 对象类型的泛型集合，节点集合
返回值	无

16．GRIP_MessageBody_Sensor_Report

功能描述	节点报告命令
函数原型	public GRIP_MessageBody_Sensor_Report(): base()
参数	无
返回值	无

17．GRIP_MessageBody_Sensor_Report_Resp

功能描述	节点报告命令响应
函数原型	public GRIP_MessageBody_Sensor_Report_Resp(UInt16 status): base()
参数	status，UInt16 类型，节点状态信息值
返回值	无

18．GRIP_MessageBody_Sensor_Write

功能描述	写入数据命令
函数原型	public GRIP_MessageBody_Sensor_Write(byte deviceCount, byte sensorClass, UInt16 sensorType, byte dataLength, byte[] data, List<GRIP_Node> nodeList): base()
参数	deviceCount，设备数量，byte 类型；sensorClass，传感器类别编号，byte 类型；sensorType，传感器型号编号，Uint16 类型；dataLength，数据长度，byte 类型；data，数据，byte 数组类型；nodeList，节点集合，GRIP_Node 对象的泛型集合
返回值	无

19．GRIP_MessageBody_Status_Report

功能描述	节点状态报告命令
函数原型	public GRIP_MessageBody_Status_Report(): base()
参数	无
返回值	无

20．GRIP_MessageBody_Status_Report_Resp

功能描述	节点状态报告命令响应
函数原型	public GRIP_MessageBody_Status_Report_Resp(UInt16 status): base()
参数	status，节点状态值，UInt16 类型
返回值	无

21．GRIP_MessageHead

功能描述	消息头类，要发送和接收的消息头
函数原型	public GRIP_MessageHead(UInt16 messageLength, UInt16 messageCommand, UInt16 sequenceID)
参数	messageLength，消息体长度，UInt16 类型；messageCommand，命令字，UInt16 类型；sequenceID，消息流水号，UInt16 类型
返回值	无

22. GetHeadBytesOfSend

功能描述	获取发送的消息头的 byte 数组格式，按照本地字节和网络字节的顺序转换
函数原型	public byte[] GetHeadBytesOfSend()
参数	无
返回值	byte 类型数组，转换后的要发送的消息头的 byte 数组

23. GetHeadBytesOfReceive

功能描述	获取接收消息的消息头，按照本地字节和网络字节的顺序转换
函数原型	public void GetHeadBytesOfReceive(byte[] recvSrc, int offset, int length)
参数	recvSrc，接收到的消息，byte 数组；offset，偏移量，int 类型；length，长度，int 类型
返回值	无

24. GRIP_Node

功能描述	节点对象类，长地址和短地址
函数原型	public GRIP_Node(string iEEEAddress, UInt16 shortAddress)
参数	iEEEAddress，节点长地址编号，string 类型；shortAddress，节点短地址，UInt16 类型
返回值	无

25. GetDataTypeSendBytes

功能描述	获取传感器数据项要发送的 byte 数组
函数原型	public override void GetDataTypeSendBytes()
参数	无
返回值	无

26. GetDataTypeReceiveBytes

功能描述	获取接收到的 byte 数组转换为 DataType 类型数据
函数原型	public override void GetDataTypeReceiveBytes(byte[] srcByte)
参数	srcByte，接收到的要转换的数据，byte 数组
返回值	无

27. SetSensorData_LED

功能描述	设置数码管显示信息
函数原型	public void SetSensorData_LED(UInt16 value, byte led, UInt16 time)
参数	value，数码管显示数值，UInt16 类型；led，LED 灯状态，0 为 off（关），1 为 on（开），2 为 flash（闪烁），byte 类型；time，LED 灯闪烁时长，当 led 值为 2 时有效，UInt16 类型
返回值	无

28．GetSensorData_LED

功能描述	获取数码管显示数值
函数原型	public void GetSensorData_LED()
参数	无
返回值	无

29．GetSensorData_SHT

功能描述	获取温湿度节点值
函数原型	public void GetSensorData_SHT()
参数	无
返回值	无

30．StrToHexBytes

功能描述	字符串转换为十六进制字节数组，排除字符中的空格
函数原型	public static byte[] StrToHexBytes(string strScr, int bytesLength)
参数	strScr，要转换的字符串，string 类型；bytesLength，将转换后的数组格式化为指定长度，int 类型
返回值	byte 数组类型，转换后的对应的值

31．StrFormatToHexBytes

功能描述	字符串转换为十六进制字节数组，排除字符中的“-”符号
函数原型	public static byte[] StrFormatToHexBytes(string strScr, int bytesLength)
参数	strScr，要转换的字符串，string 类型；bytesLength，将转换后的数组格式化为指定长度，int 类型
返回值	byte 数组类型，转换后的对应的值

32．BytesToHexStr

功能描述	字节数组转换为十六进制字符串
函数原型	public static string BytesToHexStr(byte[] bytesSrc)
参数	bytesSrc，要转换的字节数组，byte 数组类型
返回值	string 类型，转换后为十六进制不带格式的字符串

33．BytesToHexStrFormat

功能描述	字节数组转换为十六进制字符串（带格式）
函数原型	public static string BytesToHexStrFormat(byte[] bytesSrc)
参数	bytesSrc，要转换的字节数组，byte 数组类型
返回值	string 类型，转换后为十六进制带格式的字符串，格式为“-”

5.3　无线传感器网络的访问控制实例

本实验主要是让学生掌握如何通过 WSN 网关读取和控制各个无线传感器，为后续课程打下坚实的基础。

开发环境：Microsoft Visual Studio 2012

开发语言：C#

1. 界面设计

新建一个 windows 应用程序，将本书所提供的“WSNLib.dll”文件用鼠标拖到新建项目的工具箱内，如图 5.2 所示。工具箱中会出现一个新组件“WSNAccess”。

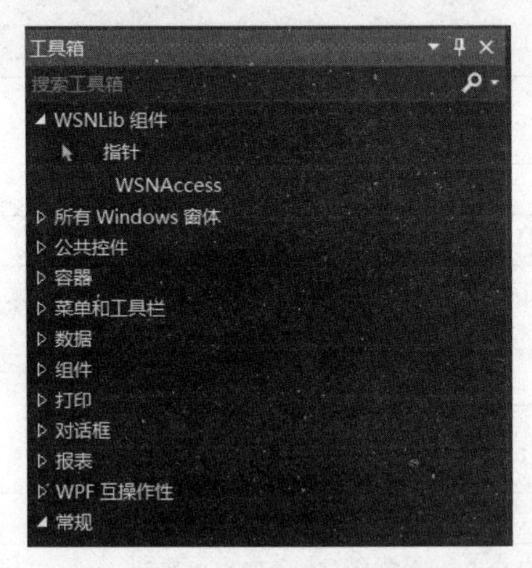

图 5.2　WSNAccess 组件

按图 5.3 所示摆放控件。

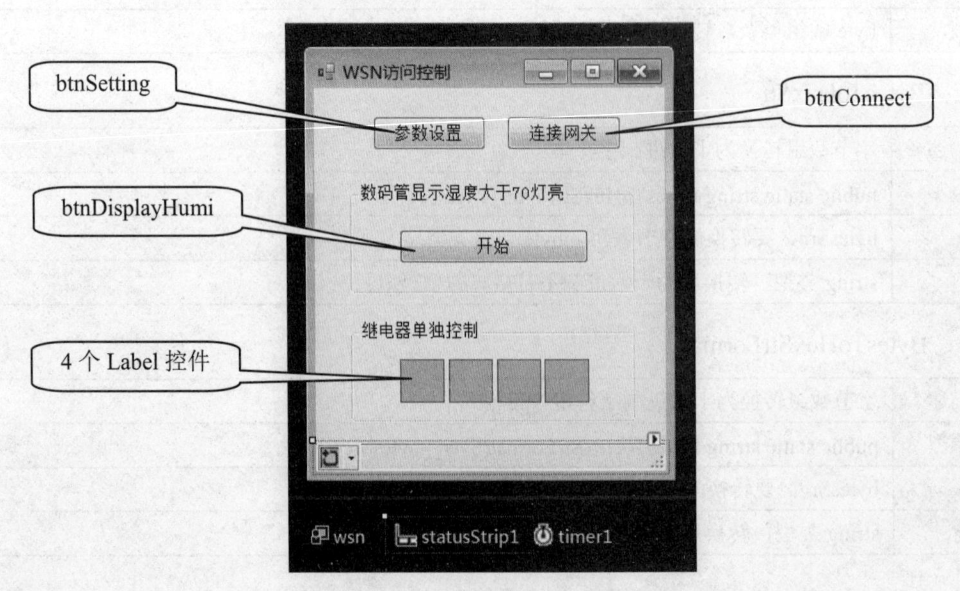

图 5.3　控件摆放示意图

将窗体下方的四个“Label”控件的Tag属性依次改为：1、2、4、8。在Debug目录下新建一个“WSNConfig.xml”文件，打开该文件并输入如下xml代码：

```
<?xml version="1.0" encoding="utf-8"?>
<Config>
  <ConnectInfo>

  </ConnectInfo>
  <GripNodeSet>

  </GripNodeSet>
  <SensorCategory>
    <Sensor Class="5" Type="5">
      <Name>数码管</Name>
      <DataLength>5</DataLength>
    </Sensor>
    <Sensor Class="9" Type="38">
      <Name>继电器</Name>
      <DataLength>2</DataLength>
    </Sensor>
    <Sensor Class="6" Type="8">
      <Name>烟雾传感器</Name>
      <DataLength>1</DataLength>
    </Sensor>
    <Sensor Class="18" Type="39">
      <Name>红外传感器</Name>
      <DataLength>1</DataLength>
    </Sensor>
    <Sensor Class="14" Type="18">
      <Name>震动传感器</Name>
      <DataLength>1</DataLength>
    </Sensor>
    <Sensor Class="0" Type="0">
      <Name>协调器</Name>
      <DataLength>0</DataLength>
    </Sensor>
    <Sensor Class="3" Type="6">
      <Name>温湿度传感器</Name>
      <DataLength>4</DataLength>
    </Sensor>
  </SensorCategory>
</Config>
```

2. 代码编写

```
int flag = 0;//继电器状态
private void btnSetting_Click(object sender, EventArgs e)
{
    wsn.OpenIniForm();
```

```
}

private void btnConnect_Click(object sender, EventArgs e)
{
    if (!wsn.LoadConfigFromXML())
    {
        MessageBox.Show("XML 配置文件不存在！请点击“设置”按钮进行网关参数设置！
                \r\n 错误信息：",  "错误信息", MessageBoxButtons.OK, MessageBoxIcon.Error);
        return;
    }
    try
    {
        int i = wsn.Connect();
        if (i == 0)
        {
            tslblMsg.Text = "网关连接成功！";
        }
        else if (i == 1)
        {
            tslblMsg.Text = "T1 通道建立失败！";
        }
        else
        {
            tslblMsg.Text = "T2 通道建立失败！";
        }
    }
    catch (Exception ex)
    {
        MessageBox.Show("网关连接失败！请点击“设置”按钮进入参数设置窗体
            查看网关参数设置是否正确！\r\n 错误信息：" + ex.Message,
            "错误信息", MessageBoxButtons.OK, MessageBoxIcon.Error);
    }
    btnConnect.Enabled = false;
}

private void btnDisplayHumi_Click(object sender, EventArgs e)
{
    timer1.Start();
}

private void timer1_Tick(object sender, EventArgs e)
{
    try
    {
        wsn.SendSensorReadUseID("b01");
    }
```

```
        catch (Exception ex)
        {
            MessageBox.Show("信息发送失败！\r\n 错误信息：" + ex.Message,
                "错误信息", MessageBoxButtons.OK, MessageBoxIcon.Error);
        }
    }

    private void wsn_SHTSensorRead(object sender, SHTSensorReadEventArgs e)
    {
        float humi = e.Humi;
        string s=humi.ToString();
        s=s.Replace(".","");
        try
        {
            wsn.SendSensorWrite("a01", s + ",1,1");
            if (humi > 70.0)
            {
                wsn.SendSensorWrite("c01", "1,1");
            }
            else
            {
                wsn.SendSensorWrite("c01", "0,1");
            }
        }
        catch (Exception ex)
        {
            MessageBox.Show("信息发送失败！\r\n 错误信息：" + ex.Message,
                "错误信息", MessageBoxButtons.OK, MessageBoxIcon.Error);
        }
    }

    private void lbl_Click(object sender, EventArgs e)
    {
        Label lbl = (Label)sender;
        int i = Convert.ToInt32(lbl.Tag);
        try
        {
            if (lbl.BackColor == Color.Silver)//处于关状态
            {
                flag = flag | i;
                wsn.SendSensorWrite("c01", flag.ToString() + ",1");
                lbl.BackColor = Color.Green;
            }
            else
            {
                i = ~i;
```

```
                flag = flag & i;
                wsn.SendSensorWrite("c01", flag.ToString() + ",1");
                lbl.BackColor = Color.Silver;
            }
        }
        catch (Exception ex)
        {
            MessageBox.Show("信息发送失败！\r\n 错误信息：" + ex.Message,
                "错误信息", MessageBoxButtons.OK, MessageBoxIcon.Error);
        }
    }

    private void Form1_FormClosed(object sender, FormClosedEventArgs e)
    {
        wsn.Dispose();
    }
```

3. 运行程序

打开物联网虚拟仿真实验平台，按照图 5.4 所示的方式创建布局网关和传感器。

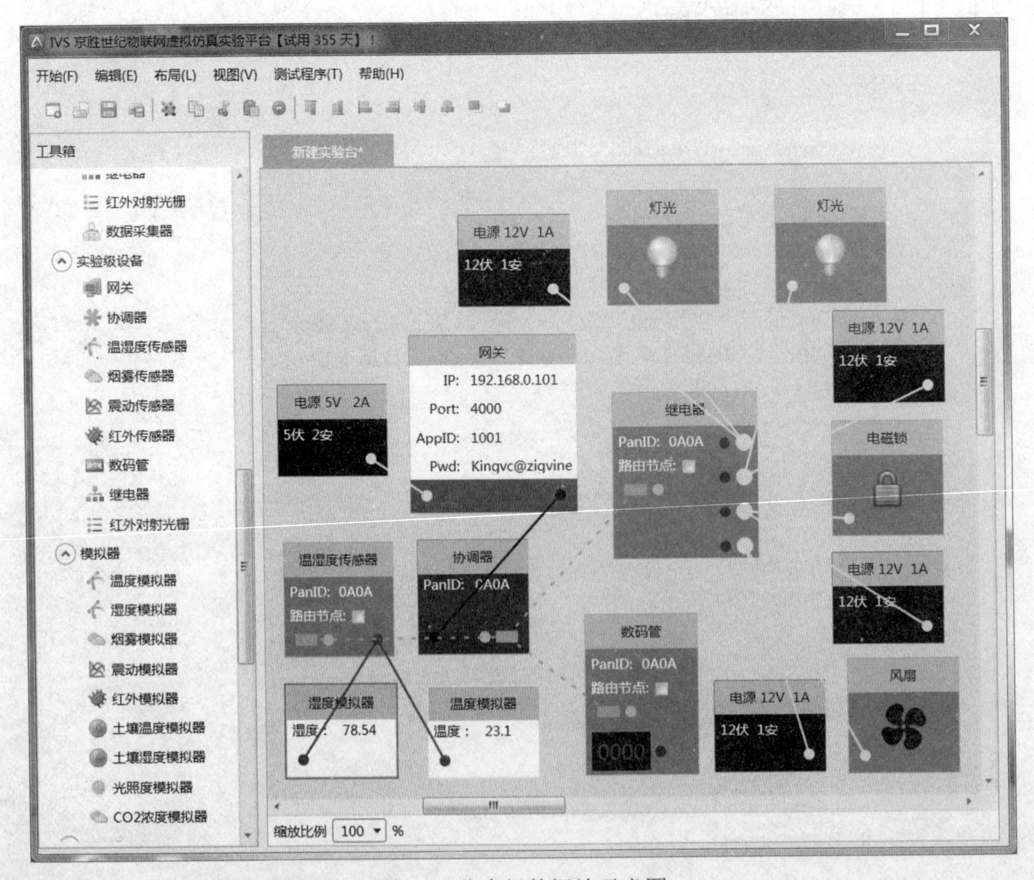

图 5.4 仿真组件摆放示意图

右键单击“湿度模拟器”，选择“属性”命令，打开“属性 湿度模拟器”对话框，按照图 5.5 及图 5.6 所示的方式设置属性。

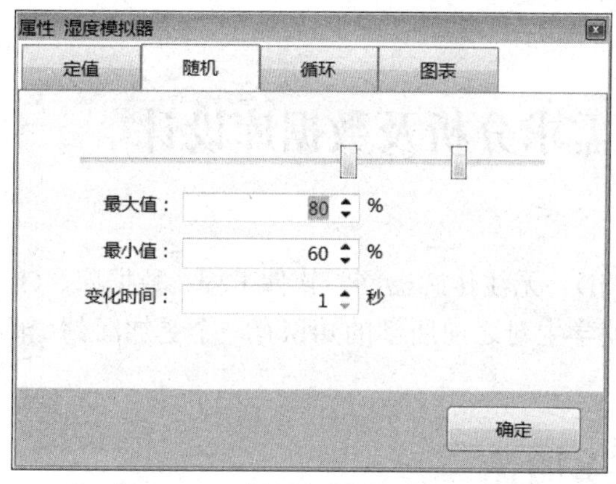

图 5.5　湿度模拟器随机属性设置

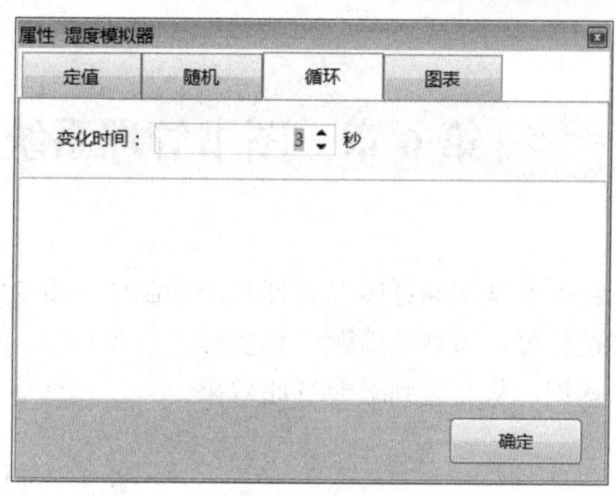

图 5.6　湿度模拟器循环属性设置

运行程序，单击“参数设置”按钮，打开“参数设置”窗口，选择“网关参数设置”选项卡，输入正确的网关参数，单击“连接测试”按钮，连接成功后单击“保存设置”按钮进行保存。网关参数设置如图 5.7 所示。

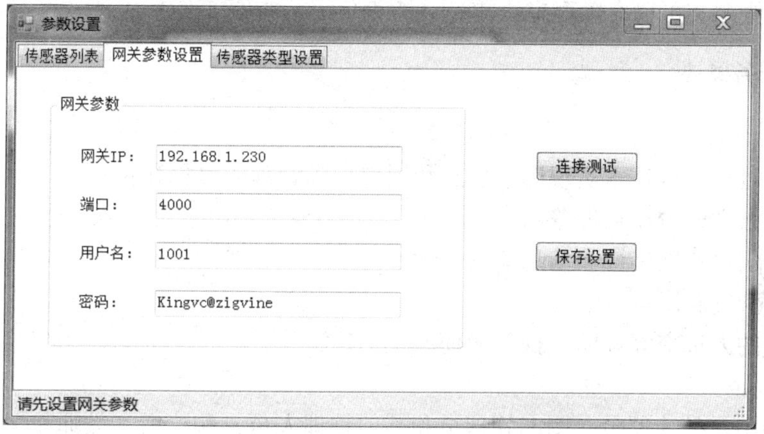

图 5.7　网关参数设置

选择“传感器列表”选项卡，单击“连接”按钮，连接成功后单击“搜索新节点”按钮，在“ID”栏中给各传感器输入 ID 号，注意，在程序中使用 ID 号进行调用，此处的 ID 号必须跟代码内调用的 ID 号保持一致，最后保存节点数据。

单击主窗体“开始”按钮，观察数码管内显示的数字并观测风扇运转的情况，反复单击各标签查看继电器连接的各电器的开合情况。

第 6 章　图书管理系统需求分析及数据库设计

本章试图通过图书管理系统的制作，将 RFID、无线传感器网、软件工程、数据库、C#程序设计等知识系统地融入到实际工程项目中，使学生对之前所学的知识有一个更加深刻、清晰的认识，从而达到融会贯通效果。

6.1　任务概述

6.1.1　项目背景

实现一个将各种图书管理和服务功能集合起来的管理信息系统是十分必要的，因为该系统既可以节省资源又可以有效存储、更新、查询信息，提高工作和服务效率。

6.1.2　任务概述

1. 目标

本系统通过计算机技术实现图书信息和用户信息管理的目标包括：

- 减少人力成本和管理费用；
- 提高信息的准确性和信息的安全性；
- 改进管理和服务；
- 良好的人机交互界面，操作简便。

2. 用户特点

本系统的用户是管理员（图书管理员和其他管理人员）和读者（教师和学生），他们都具有一定的计算机基础知识和计算机操作能力，是经常性用户。

系统维护人员是计算机专业人员，熟悉操作系统和数据库，是间隔性用户。

6.1.3　需求概述

在图书管理系统中，管理员首先为每个读者建立一个账户，账户内存储读者个人的详细信息；然后依据读者类别的不同给每个读者发放借书卡（提供借书卡号、姓名、部门或班级等信息），读者可以凭借书卡在图书馆进行图书的借、还、续借、查询等操作，不同类别的读者在借书限额、还书期限以及可续借的次数上有所不同。

借阅图书时，由管理员录入借书卡号，系统首先验证该卡号的有效性，若无效，则提示无效的原因；若有效，则显示卡号、姓名、借书限额、已借数量、可再借数量等信息，本次实际借书的数量不能超出可再借数量。管理员在完成借书操作的同时要修改相应图书信息的状态、读者信息中的已借数量，并在借阅信息中添加相应的记录。

归还图书时，由管理员录入借书卡号和待归还的图书编号，系统显示借书卡号、读者姓名、读书编号、图书名称、借书日期、应还日期等信息，并自动计算是否超期以及超期的罚款金额，若进行续借则取消超期和罚款等信息；若图书有损坏，由管理员根据实际情况从系统中选择相应的损坏等级，系统自动计算损坏赔偿金额。管理员在完成归还操作的同时要修改相应图书信息的状态、修改读者信息中的已借数量、在借书信息中对相应的借书记录做标记、在还书信息中添加相应的记录。

图书管理员可以不定期地对图书信息进行添加、修改和删除等操作，在图书尚未归还的情况下不能删除图书信息；图书管理员还可以对读者信息进行添加、修改和删除等操作，在读者还有未归还的图书的情况下不能删除读者信息。

系统管理员主要进行图书管理员权限的设置、读者类别信息的设置、图书类别的设置、罚款和赔偿标准的设置、数据备份和数据恢复等操作。

6.1.4　功能层次图

图书管理系统功能层次图如图6.1所示。

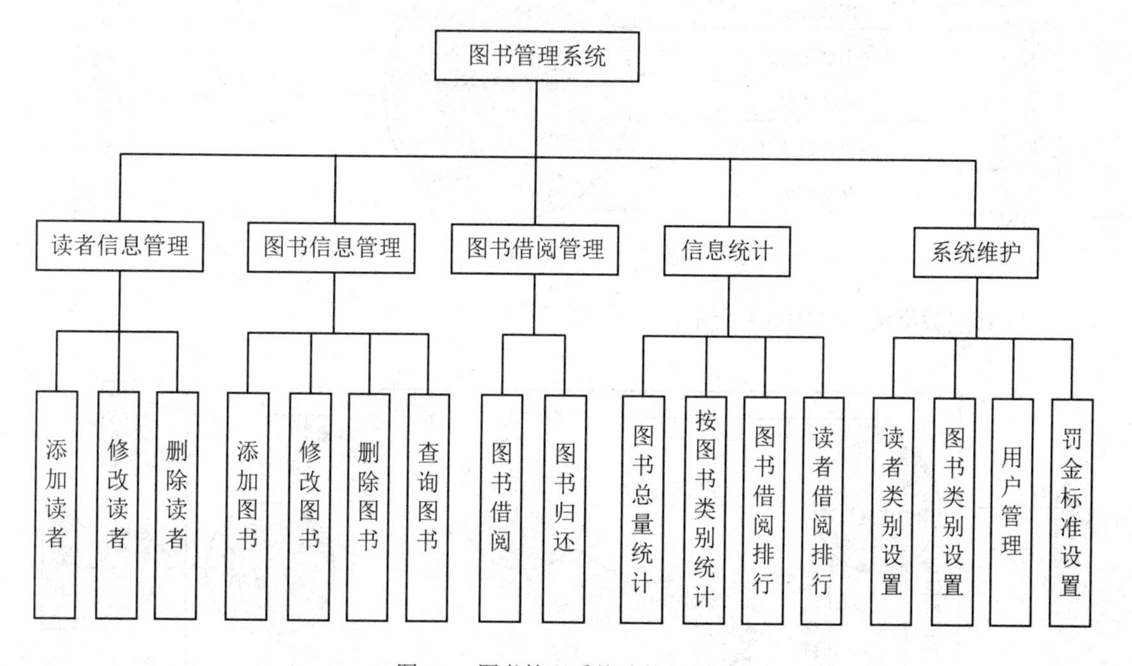

图6.1　图书管理系统功能层次图

6.2　数据描述

6.2.1　静态数据

图书：图书编码、书名、书号，图书类别、作者、出版社、出版时间、单价。

管理员：用户名、密码、权限、姓名。

读者：借书卡号、姓名、性别、读者类别、所属系部、部门或班级。

6.2.2 动态数据

输入数据：鼠标对按钮的点击，查询方式，查询关键字，新建图书项，新建读者项，图书项、读者项记录的修改，图书借、还以及注销操作时的输入信息，受限操作所需的密码等。

输出数据：查询关键字所确定的数据库子集，统计结果，操作成功或失败的消息，图书借、还以及注销操作时的结果信息等。

6.2.3 数据流图与数据字典

1. 数据流图

（1）顶层数据流图如图 6.2 所示。

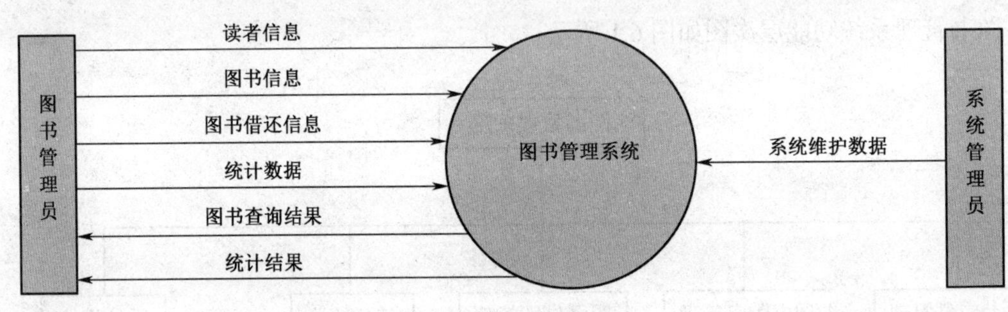

图 6.2　顶层数据流图

（2）0 层数据流图如图 6.3 所示。

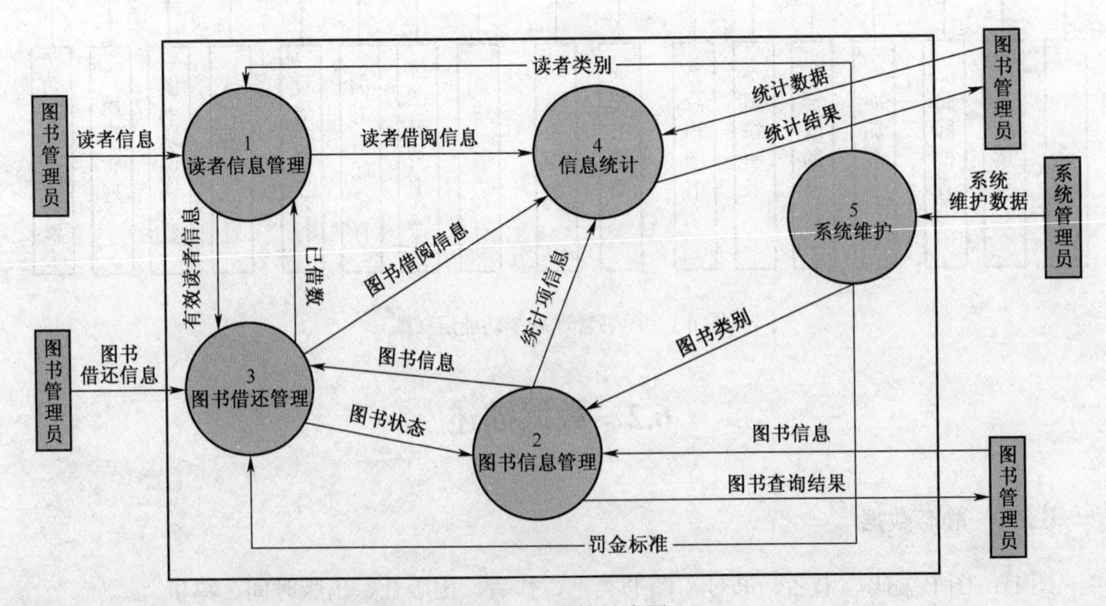

图 6.3　0 层数据流图

（3）1 层数据流图

- 读者信息管理数据流图如图 6.4 所示。

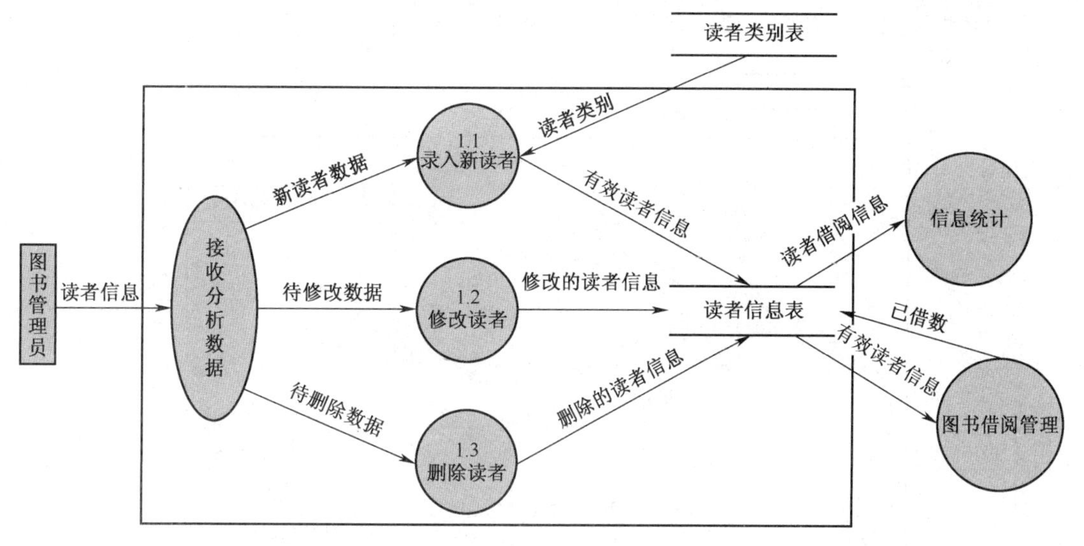

图 6.4 读者信息管理数据流图

● 图书信息管理数据流图如图 6.5 所示。

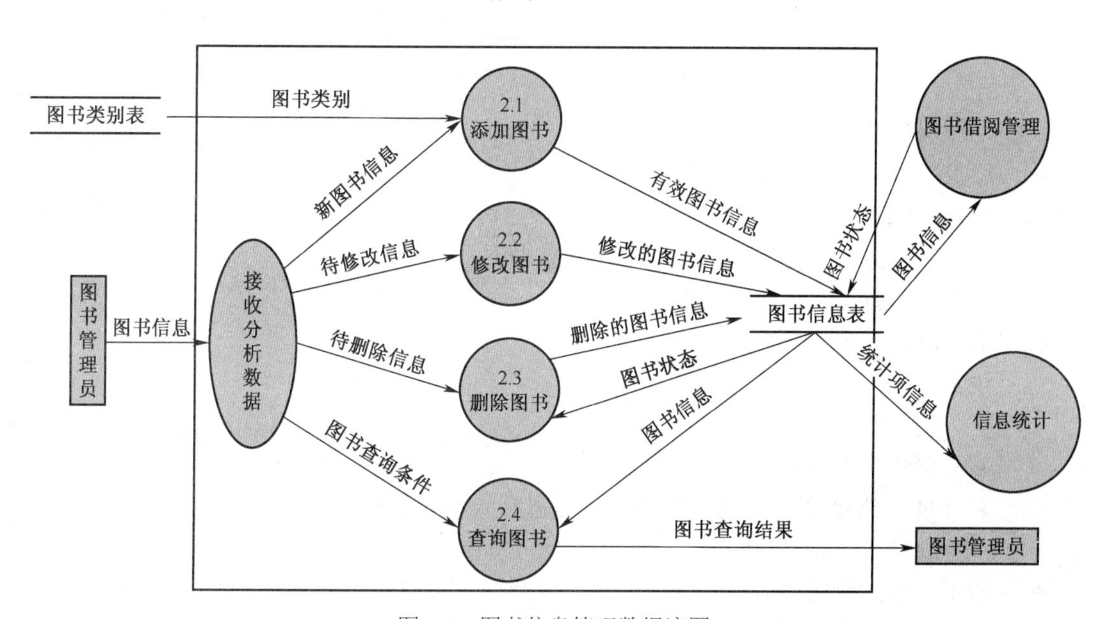

图 6.5 图书信息管理数据流图

● 图书借还管理数据流图如图 6.6 所示。

2. 数据字典

（1）数据接口描述

● 名称：图书管理员。

简要描述：完成登记注册、统计查询、借书、还书等操作。

有关数据流：读者信息、图书信息、统计条件信息、读者情况、图书情况、统计结果。

● 名称：系统管理员。

简要描述：完成用户设置、读者类别设置、图书类别设置、罚金标准设置等操作。

有关数据流：用户信息、读者类别信息、图书类别信息、罚金标准信息。

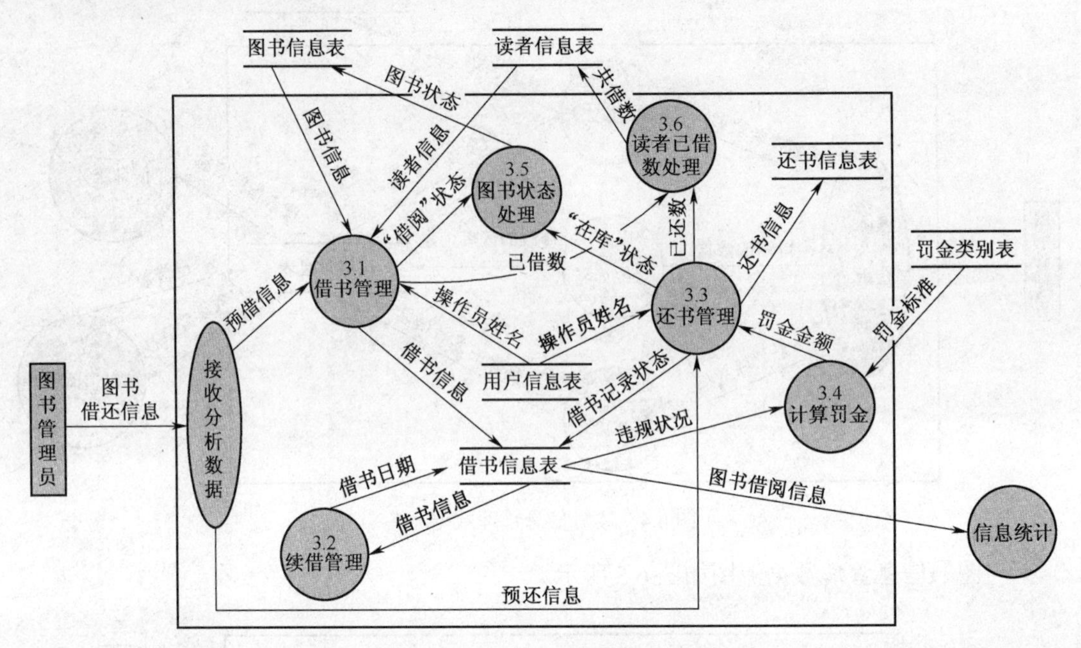

图 6.6　图书借还管理数据流图

（2）加工逻辑词条描述

- 加工名：录入新读者。

加工编号：1.1。

简要描述：将新的读者信息登记到读者信息表中。

输入数据流：新读者数据，读者类别。

输出数据流：有效读者信息。

加工逻辑：

  - 输入读者信息。
  - 选择读者类别。
  - 执行 SQL 语句，将完整的读者信息写入读者信息表。

（3）主要数据流词条描述

- 数据流名：新图书信息。

数据流说明：用以标识新图书的书面信息。

数据流来源：图书管理员。

数据流去向：图书信息录入。

数据流组成：图书编号+书名+书号+作者+出版社+出版时间+单价。

- 数据流名：图书信息。

数据流说明：用以标识图书在图书信息表中的信息。

数据流来源：图书信息录入，图书信息表。

数据流去向：图书信息表，借书管理，图书总量统计。

数据流组成：图书编号+书名+书号+图书类别+作者+出版社+出版时间+单价+入库时间+

操作员姓名+书架编号+图书状态。

（4）数据存储词条描述

● 数据存储名：图书信息表。

简单描述：存放已登记入库的图书的详细信息。

输入数据：图书状态。

输出数据：图书信息。

数据组成：图书编号+书名+书号+图书类别+作者+出版社+出版时间+单价+入库时间+操作员姓名+书架编号+图书状态。

存储方式：关键码（图书编号）。

● 数据存储名：读者信息表

简单描述：存放读者的详细信息。

输入数据：已借数量，操作员姓名。

输出数据：读者信息。

数据组成：借书卡号+姓名+性别+读者类别+所属系部+部门或班级+联系电话+登记日期+操作员姓名+已借数。

存储方式：关键码（借书卡号）。

（5）数据项词条描述

数据项词条信息如表6.1所示。

表6.1　数据项词条

数据项名	数据类型	长度	取值范围
图书编码	字符串	10	6｛字符｝10
书名	字符串	30	2｛字符｝30
书号	字符串	20	11｛字符｝20
图书类别	字符串	3	2｛字符｝3
作者	字符串	10	4｛字符｝10
出版社	字符串	20	6｛字符｝20
出版时间	日期型		默认日期格式
单价	实型	4	一位小数
入库时间	日期型		默认日期格式
操作员姓名	字符串	10	4｛字符｝10
书架编号	字符串	4	2｛字符｝4
图书状态	整型	1	[0|1]
借书卡号	字符串	8	8｛字符｝8
读者姓名	字符串	10	4｛字符｝10
读者类别	字符串	10	4｛字符｝10
所属系部	字符串	16	4｛字符｝16
部门或班级	字符串	16	4｛字符｝16
联系电话	字符串	13	11｛字符｝13

续表

数据项名	数据类型	长度	取值范围
登记日期	日期型		默认日期格式
已借数	整型	1	[2|3|4|5]
用户名	字符串	12	6｛字符｝12
用户密码	字符串	12	6｛字符｝12
用户权限	整型	1	[0|1|2]
借书日期	日期型		默认日期格式
限还日期	日期型		默认日期格式
借阅状态	整型	1	[0|1]
过期罚金	实型	5	一位小数
损坏罚金	实型	5	一位小数
图书类别名	字符串	16	4｛字符｝16
借书限额	整型	1	2～5
还书期限	整型	2	2 为整数
罚金类别名	字符串	2	2｛字符｝2
罚金倍数	整型	2	1～10

6.2.4 数据关系 E-R 图

数据关系 E-R 图如图 6.7 所示。

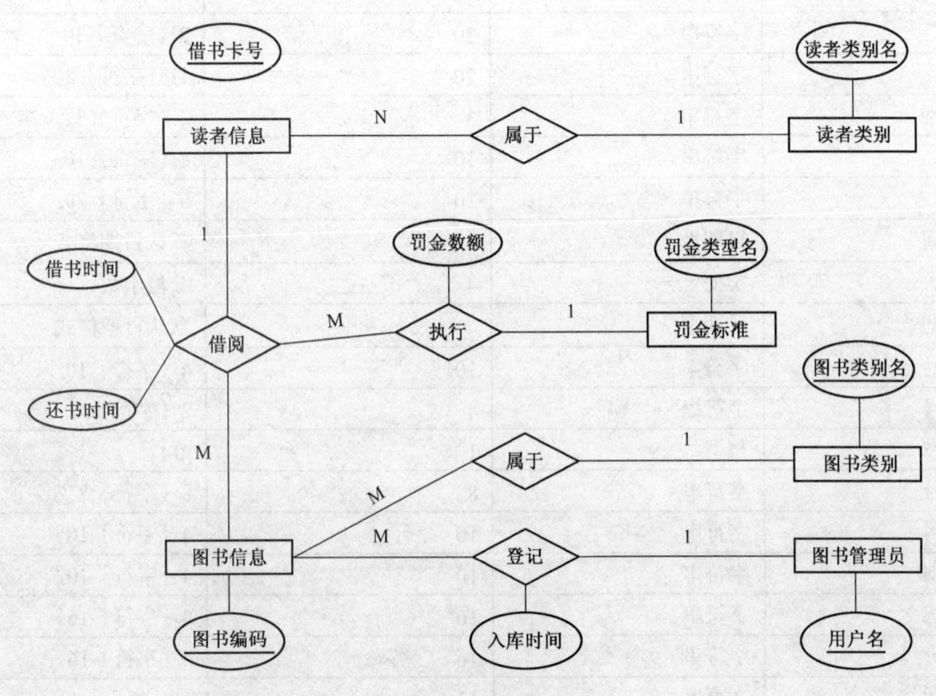

图 6.7 数据关系 E-R 图

6.3 功能需求

6.3.1 功能划分

图书管理系统具有以下主要功能：

- 浏览功能。
- 查询功能。
- 添加功能。
- 修改功能。
- 删除功能。

6.3.2 功能描述

1. 浏览功能

- 列出当前数据库文件中图书信息、读者信息、借阅信息和还书信息等的所有记录。
- 可选定一项记录，显示所有域。

2. 查询功能

- 书目匹配查询。
- 读者匹配查询。
- 书目和读者匹配查询。

3. 添加功能

- 添加书目和读者记录以及借书、还书记录。
- 添加系统设置的相关信息。

4. 修改功能

- 修改书目和读者记录，提供相关确认机制。
- 修改系统设置的相关信息，提供相关确认机制。

5. 删除功能

- 删除书目和读者记录，提供相关确认机制。
- 删除系统设置的相关信息，提供相关确认机制。

6.4 性能需求

1. 数据精确度

保证查询的查全率和查准率为 100%，所有在相应域中包含查询关键字的记录都能查到，所有在相应域中不包含查询关键字的记录都不能查到。

2. 系统响应时间

系统对大部分操作的响应时间应在 1～2 秒内。

3. 适应性

满足运行环境在允许的操作系统之间进行安全转换和其他应用软件独立运行的要求。

6.5 运行需求

1. 用户界面

系统采用对话框方式、多功能窗口运行。

2. 硬件接口

支持各种 X86 系列的 PC 机和 ISO14443 读卡器。

3. 软件接口

运行于 Windows 2000 及更高版本的具有 WIN32 API 的操作系统之上。

4. 故障处理

正常使用时不出错，对于用户的输入错误给出适当的改正提示信息，遇不可恢复的系统错误时，能保证数据库完好无损。

6.6 数据库设计

6.6.1 数据库视图

数据库视图如图 6.8 所示。

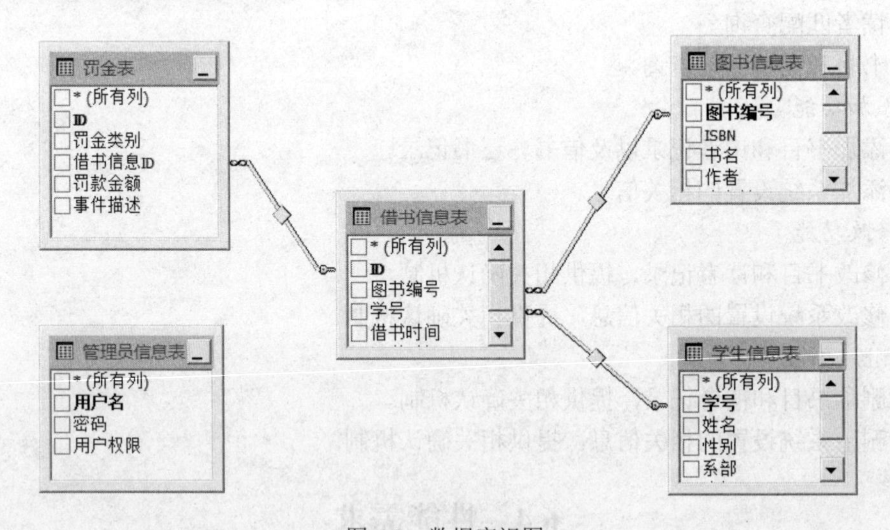

图 6.8 数据库视图

6.6.2 建表 SQL 语句

```
Create database 图书管理系统
go
use 图书管理系统

Create table 图书信息表
(
```

```
    图书编号  char(20) primary key,
    ISBN char(34) ,
    书名  varchar(50) not null,
    作者  varchar(50),
    出版社  varchar(60),
    出版时间  datetime,
    单价  money,
    入库时间  datetime,
    存放地点  char(10),
    图书状态  int
)
go

Create table  学生信息表
(
    学号  char(18) primary key,
    姓名  char(8) not null,
    性别  char(2),
    系部  varchar(30),
    班级  varchar(30),
    联系电话  varchar(30)
)
go

Create table  借书信息表
(
    ID int primary key identity(1,1),
    图书编号  char(20) references  图书信息表(图书编号),
    学号  char(18) references  学生信息表(学号),
    借书时间  datetime not null,
    还书时间  datetime
)
go

Create table  罚金表
(
    ID int primary key identity(1,1),
    罚金类别  int not null,
    借书信息 ID int references  借书信息表(ID),
    罚款金额  money,
    事件描述  varchar(500)
)

Create table  管理员信息表
(
    用户名  char(8) primary key,
    密码  varchar(50) not null,
    用户权限  int not null
)
```

第 7 章　图书管理系统程序设计

7.1　用户登录模块设计

7.1.1　登录窗体界面设计

图书管理系统登录窗体如图 7.1 所示。

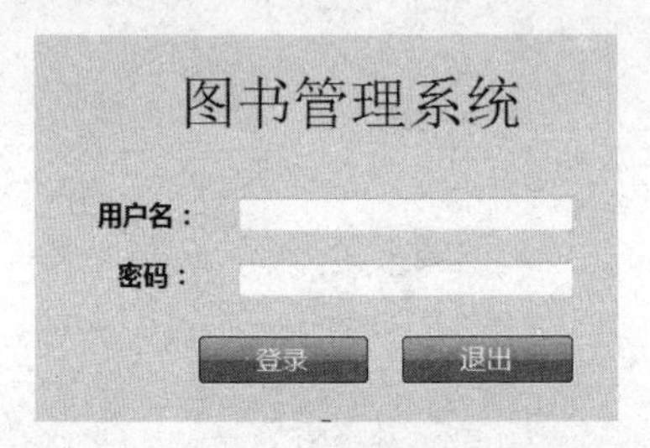

图 7.1　登录窗体

7.1.2　登录窗体代码设计

```
public FormLogin()
{
    InitializeComponent();
}

/// <summary>
///  验证控件
/// </summary>
/// <returns></returns>
private bool ValidControl()
{
    if (this.tbID.Text == "")
    {
        MessageBox.Show("请填写用户名！");
        this.tbID.Focus();
        return false;
    }

    if (this.tbID.Text != "admin")
    {
        if (!UserManage.ObjUser.IsHasID(All.dbo, this.tbID.Text))
        {
            MessageBox.Show("不存在此用户！");
```

```
                this.tbID.Text = "";
                this.tbID.Focus();
                    return false;
            }
        }

        if (this.tbID.Text != "admin")
        {
            UserManage.ObjUser user= new UserManage.ObjUser(this.tbID.Text, All.dbo);
            if (user.PWD != this.tbPWD.Text)
            {
                MessageBox.Show("密码错误！ ");
                this.tbPWD.Text = "";
                this.tbPWD.Focus();
                return false;
            }
        }
        else
        {
            if (this.tbPWD.Text != "123456")
            {
                MessageBox.Show("密码错误！ ");
                this.tbPWD.Text = "";
                this.tbPWD.Focus();
                return false;
            }
        }
        return true;
    }

    private void gbtnCancel_Click(object sender, EventArgs e)
    {
        this.Close();
    }

    private void gbtnOK_Click(object sender, EventArgs e)
    {
        //如果验证控件通过
        if (ValidControl())
        {
            if (this.tbID.Text != "admin")
            {
                All.userLogin = new UserManage.ObjUser(this.tbID.Text, All.dbo);
            }
            else
            {
```

```
                All.userLogin = new UserManage.ObjUser(All.dbo);
                All.userLogin.ID = "admin";
                All.userLogin.Name = "管理员";
            }

            this.DialogResult = DialogResult.OK;
            this.Close();
        }
    }
```

7.1.3 用户信息窗体界面设计

用户信息窗体如图 7.2 所示。

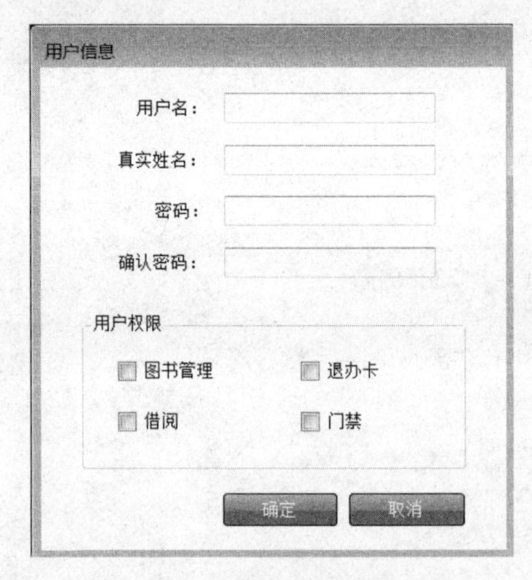

图 7.2 用户信息窗体

7.1.4 用户信息窗体代码设计

```
public partial class FormUserInfo : Form
{
    int flag;
    ObjUser user;
    SqlServer_dll.DbOperate dbo;

    public FormUserInfo()
    {
        InitializeComponent();
    }

    /// <summary>
    /// 构造函数
    /// </summary>
    /// <param name="flag">1 增；2 删；3 改；4 查</param>
    public FormUserInfo(SqlServer_dll.DbOperate dbo, int flag,ObjUser user)
```

```
{
    InitializeComponent();
    this.flag = flag;
    this.user = user;
    this.dbo = dbo;
    SetControl();
}

/// <summary>
///  设置控件
/// </summary>
private void SetControl()
{
    if (this.flag != 1)
    {
        this.tbID.Enabled = false;
        this.tbID.Text = this.user.ID;
    }
    this.tbName.Text = this.user.Name;
    this.tbPwd.Text = this.user.PWD;
    this.tbPwdRe.Text = this.user.PWD;
    if (this.flag != 1)
    {
        this.tbPwd.Enabled = false;
        this.tbPwdRe.Enabled = false;
    }
    for (int i = 0; i < this.user.Purview.Count; i++)
    {
        //根据权限勾选
        string purview = this.user.Purview[i];
        if (purview == "1")
        {
            this.checkBox1.Checked = true;
        }
        else if (purview == "2")
        {
            this.checkBox2.Checked = true;
        }
        else if (purview == "3")
        {
            this.checkBox3.Checked = true;
        }
        else if (purview == "4")
        {
            this.checkBox4.Checked = true;
        }
```

```
        }
    }

    /// <summary>
    /// 验证控件填写
    /// </summary>
    /// <returns></returns>
    private bool ValidControl()
    {
        if (this.tbID.Text == "admin")
        {
            MessageBox.Show("admin 是系统内置用户名，请更换用户名！");
            this.tbID.Text = "";
            this.tbID.Focus();
            return false;
        }

        if (this.tbID.Text.Length == 0)
        {
            MessageBox.Show("请输入用户名！");
            this.tbID.Focus();
            return false;
        }


        if (this.flag == 1)
        {
            if (ObjUser.IsHasID(this.dbo, this.tbID.Text))
            {
                MessageBox.Show("存在该用户名！");
                this.tbID.Text = "";
                this.tbID.Focus();
                return false;
            }
        }

        if (this.tbName.Text.Length == 0)
        {
            MessageBox.Show("请输入真实姓名！");
            this.tbName.Focus();
            return false;
        }


        if (this.tbPwd.Text != this.tbPwdRe.Text)
        {
```

```
            MessageBox.Show("密码不一致！ ");
            this.tbPwdRe.Text = "";
            this.tbPwdRe.Focus();
            return false;
        }

        if (!ValidPurview())
        {
            MessageBox.Show("请选择用户权限！ ");
            return false;
        }

        return true;
    }

    /// <summary>
    /// 验证用户权限是否选中
    /// </summary>
    /// <returns></returns>
    private bool ValidPurview()
    {
        bool result = false;

        foreach (Control c in groupBox1.Controls)
        {
            CheckBox cb = c as CheckBox;
            if (cb.Checked)
            {
                return true;
            }
        }

        return result;
    }

    /// <summary>
    /// 获取权限
    /// </summary>
    /// <returns></returns>
    private List<string> GetPurview()
    {
        List<string> listPurview = new List<string>();

        foreach (Control c in groupBox1.Controls)
        {
            CheckBox cb = c as CheckBox;
```

```
                if (cb.Checked)
                {
                    listPurview.Add(cb.Tag.ToString());
                }
            }

            return listPurview;
        }

        /// <summary>
        /// 设置对象
        /// </summary>
        private void GetControl()
        {
            this.user.ID = this.tbID.Text;
            this.user.Name = this.tbName.Text;
            this.user.PWD = this.tbPwd.Text;
            this.user.Purview = GetPurview();
        }

        private void btnOK_Click(object sender, EventArgs e)
        {
            if (ValidControl())
            {
                GetControl();
                if (this.flag == 1)
                {
                    this.user.Insert();
                }
                else if (this.flag == 3)
                {
                    this.user.Update();
                }
                this.DialogResult = DialogResult.OK;
                this.Close();
            }
        }

        private void btnCancel_Click(object sender, EventArgs e)
        {
            this.Close();
        }

        private void FormUserInfo_Load(object sender, EventArgs e)
        {
            this.tbID.Focus();
        }
    }
```

7.1.5 用户列表窗体界面设计

用户列表窗体如图 7.3 所示。

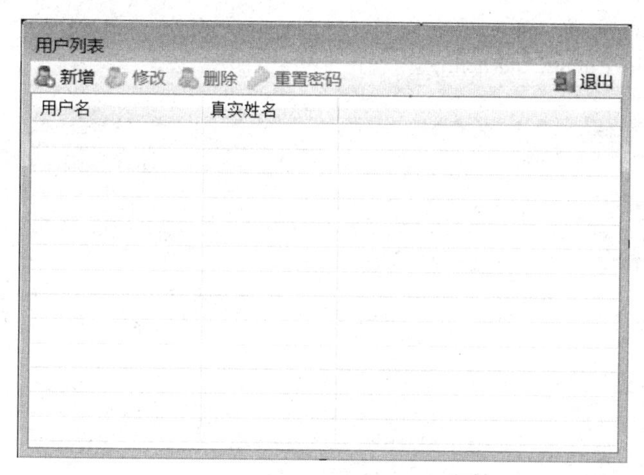

图 7.3 用户列表窗体

7.1.6 用户列表窗体代码设计

```
SqlServer_dll.DbOperate dbo;
public FormUserList()
{
    InitializeComponent();
}

public FormUserList(SqlServer_dll.DbConnection conn)
{
    InitializeComponent();
    this.dbo = new SqlServer_dll.DbOperate(conn);
    SetListView();
}

/// <summary>
/// 设置用户表
/// </summary>
private void SetListView()
{
    this.listView1.Items.Clear();

    List<ObjUser> listUser = ObjUser.GetUsers(this.dbo);
    for (int i = 0; i < listUser.Count; i++)
    {
        ObjUser user = listUser[i];
        ListViewItem item = new ListViewItem();
```

```
            item.Text = user.ID;
            item.Tag = user;
            ListViewItem.ListViewSubItem subitem = new ListViewItem.ListViewSubItem();
            subitem.Text = user.Name;
            item.SubItems.Add(subitem);
            this.listView1.Items.Add(item);
        }
    }

    private void tsbtnExit_Click(object sender, EventArgs e)
    {
        this.Close();
    }

    /// <summary>
    /// 如果有记录选中
    /// </summary>
    /// <param name="sender"></param>
    /// <param name="e"></param>
    private void listView1_SelectedIndexChanged(object sender, EventArgs e)
    {
        if (this.listView1.SelectedItems.Count > 0)
        {
            IsEnabled(true);
        }
        else
        {
            IsEnabled(false);
        }
    }

    private void IsEnabled(bool isEnable)
    {
        this.tsbtnUpdate.Enabled = isEnable;
        this.tsbtnDelete.Enabled = isEnable;
        this.tsbtnRsetPwd.Enabled = isEnable;
    }

    private void tsbtnInsert_Click(object sender, EventArgs e)
    {
        FormUserInfo fui = new FormUserInfo(this.dbo, 1, new ObjUser(this.dbo));
        if (fui.ShowDialog() == DialogResult.OK)
        {
            SetListView();
        }
    }
```

```
private void tsbtnUpdate_Click(object sender, EventArgs e)
{
    if (this.listView1.SelectedItems.Count > 0)
    {
        FormUserInfo fui = new FormUserInfo(this.dbo, 3, this.listView1.
            SelectedItems[0].Tag as ObjUser);
        if (fui.ShowDialog() == DialogResult.OK)
        {
            SetListView();
            IsEnabled(false);
        }
    }
}

private void tsbtnDelete_Click(object sender, EventArgs e)
{
    if (this.listView1.SelectedItems.Count > 0)
    {
        if (MessageBox.Show("是否要删除该用户？", "", MessageBoxButtons.YesNo) ==
                DialogResult.Yes)
        {
            ObjUser user = this.listView1.SelectedItems[0].Tag as ObjUser;

            //跟据不同项目写 sql 语句，检查该用户是否填入信息
            if (!user.IsHasInfos("select count(*) from LibraryCard where usertable_id = '" +
                user.ID + "'") && !user.IsHasInfos("select count(*) from
                BookInfo where usertable_id = '" + user.ID + "'"))
            {
                user.Delete();
                SetListView();
                IsEnabled(false);
            }
            else
            {
                MessageBox.Show("已存在该用户的操作，不能删除！");
            }
        }
    }
}

private void tsbtnRsetPwd_Click(object sender, EventArgs e)
{
    if (this.listView1.SelectedItems.Count > 0)
    {
        if (MessageBox.Show("是否要重置该用户的密码？", "", MessageBoxButtons.YesNo)
            == DialogResult.Yes)
```

```
            {
                ObjUser user = this.listView1.SelectedItems[0].Tag as ObjUser;
                user.PWD = "123456";
                user.Update();
                MessageBox.Show("该用户的密码重置为“123456”！");
            }
        }
    }
```

7.2 图书信息模块设计

7.2.1 图书上架窗体界面设计

图书上架窗体如图 7.4 所示。

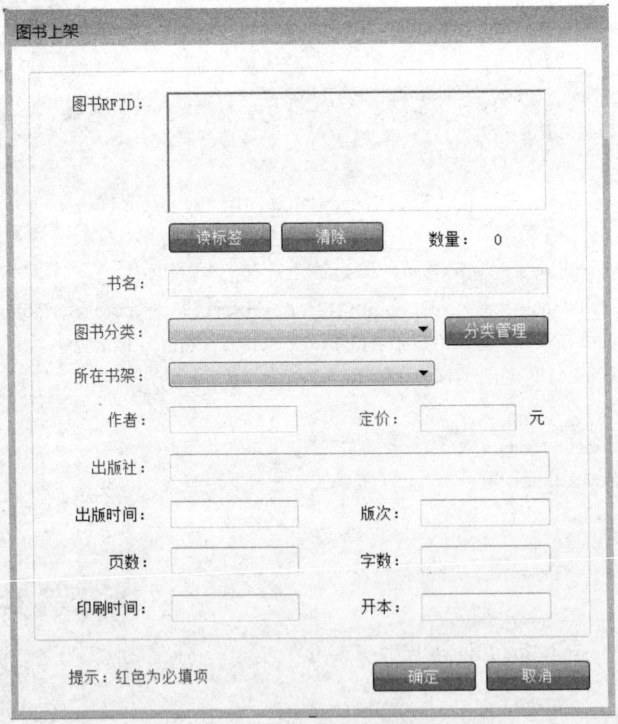

图 7.4 图书上架窗体

7.2.2 图书上架窗体代码设计

```
List<string> listAllRfid = new List<string>();
List<ObjBookInfo> listBookInfo = new List<ObjBookInfo>();
public FormBookAdd()
{
    InitializeComponent();
```

```
        this.cboBookShelf.SelectedIndex = 0;
    }

    private bool ValidControl()
    {
        if (this.listAllRfid.Count == 0)
        {
            MessageBox.Show("请读取图书 RFID！");
            this.glassButton1.Focus();
            return false;
        }
        if (this.cboBookType.Text == "")
        {
            MessageBox.Show("请选择图书分类！");
            this.cboBookType.Focus();
            return false;
        }
        if (this.tbName.Text == "")
        {
            MessageBox.Show("请填写书名！");
            this.tbName.Focus();
            return false;
        }
        if (this.tbAuthor.Text == "")
        {
            MessageBox.Show("请填写作者！");
            this.tbAuthor.Focus();
            return false;
        }
        if (this.tbPrice.Text == "")
        {
            MessageBox.Show("请填写定价！");
            this.tbPrice.Focus();
            return false;
        }
        if (this.tbPress.Text == "")
        {
            MessageBox.Show("请填写出版社！");
            this.tbPress.Focus();
            return false;
        }
        if (this.cboBookShelf.SelectedIndex == 0)
        {
            MessageBox.Show("请选择书架！");
            this.cboBookShelf.Focus();
            return false;
```

```
        }

        return true;
    }
    private void gbtnCancel_Click(object sender, EventArgs e)
    {
        this.Close();
    }

    private void btnReadRFID_Click(object sender, EventArgs e)
    {
        List<string> listRfid = RfidOperate.GetRfidList();

        for (int i = 0; i < listRfid.Count; i++)
        {
            //如果不存在该 rfid
            if (!IsHsaRfid(listRfid[i]))
            {
                this.listAllRfid.Add(listRfid[i]);
                this.rtbRFID.Text = this.rtbRFID.Text + listRfid[i] + ";";
            }
        }
        string[] rfidStrs = this.rtbRFID.Text.Split(';');
        this.lblRFIDCount.Text = (rfidStrs.Length - 1).ToString();
    }

    /// <summary>
    ///  是否存在该 rfid
    /// </summary>
    /// <param name="Rfid"></param>
    /// <returns></returns>
    private bool IsHsaRfid(string Rfid)
    {
        int flag = this.listAllRfid.IndexOf(Rfid);
        if (flag == -1)
        {
            return false;
        }
        else
        {
            return true;
        }
    }

    private void btnClearRFID_Click(object sender, EventArgs e)
    {
```

```
        this.listAllRfid.Clear();
        this.rtbRFID.Text = "";
        this.lblRFIDCount.Text = "0";
    }
    private void cboBookType_DropDown(object sender, EventArgs e)
    {
        DataTable dt = All.dbo.getDataTable("select name,id from booktype");
        this.cboBookType.DataSource = dt;
        this.cboBookType.DisplayMember = "name";
        this.cboBookType.ValueMember = "id";
    }

    private void btnBookType_Click(object sender, EventArgs e)
    {
        FormBookTypeList fbtl = new FormBookTypeList();
        fbtl.ShowDialog();
    }

    private void GetControl()
    {
        for (int i = 0; i < listAllRfid.Count; i++)
        {
            ObjBookInfo obi = new ObjBookInfo();
            obi.RFID = listAllRfid[i];
            obi.BookType = new ObjBookType(Convert.ToInt32(this.cboBookType.SelectedValue));
            obi.User = All.userLogin;
            obi.AddTime = DateTime.Now;
            obi.LendStatus = "未借出";
            obi.Name = this.tbName.Text;
            obi.Author = this.tbAuthor.Text;
            obi.Press = this.tbPress.Text;
            obi.PublicationTime = this.tbPublicationTime.Text;
            obi.Revision = this.tbRevision.Text;
            obi.Pages = this.tbPages.Text;
            obi.Words = this.tbWords.Text;
            obi.PrintingTime = this.tbPrintingTime.Text;
            obi.Format = this.tbFormat.Text;
            obi.Price = this.tbPrice.Text;
            if (this.cboBookShelf.SelectedIndex == 1)
            {
                obi.BookShelf = "1";
            }
            if (this.cboBookShelf.SelectedIndex == 2)
            {
                obi.BookShelf = "2";
            }
```

```
            if (this.cboBookShelf.SelectedIndex == 3)
            {
                obi.BookShelf = "3";
            }
            if (this.cboBookShelf.SelectedIndex == 4)
            {
                obi.BookShelf = "4";
            }
            obi.Insert();
        }
    }

    private void gbtnOK_Click(object sender, EventArgs e)
    {
        if (ValidControl())
        {
            GetControl();
            this.DialogResult = DialogResult.OK;
            this.Close();
        }
    }
```

7.2.3 图书信息窗体界面设计

图书信息窗体如图 7.5 所示。

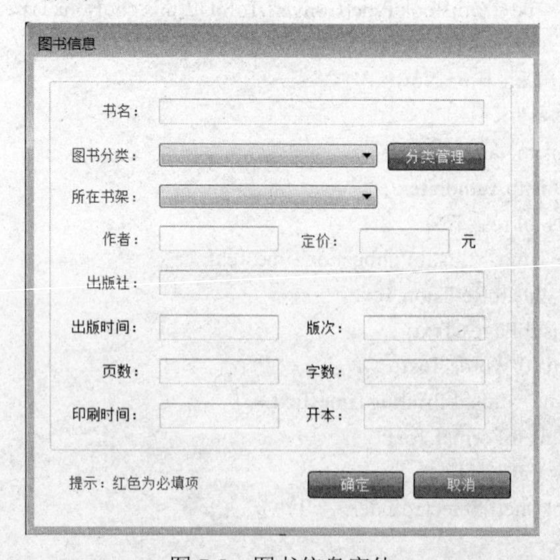

图 7.5 图书信息窗体

7.2.4 图书信息窗体代码设计

```
int flag;
ObjBookInfo obi;
public FormBookInfo()
```

```
{
    InitializeComponent();
}
public FormBookInfo(int flag,ObjBookInfo obi)
{
    InitializeComponent();
    this.flag = flag;
    this.obi = obi;
    SetBookType();
    SetControl();
    Init();
}
private void Init()
{
    if (this.flag == 4)
    {
        this.gbtnBookType.Visible = false;
        this.gbtnOK.Visible = false;
        this.tbName.ReadOnly = true;
        this.cboBookType.Enabled = false;
        this.tbAuthor.ReadOnly = true;
        this.tbPrice.ReadOnly = true;
        this.tbPress.ReadOnly = true;
        this.tbPublicationTime.ReadOnly = true;
        this.tbRevision.ReadOnly = true;
        this.tbPages.ReadOnly = true;
        this.tbWords.ReadOnly = true;
        this.tbPrintingTime.ReadOnly = true;
        this.tbFormat.ReadOnly = true;
    }
}
private void cboBookType_DropDown(object sender, EventArgs e)
{
    SetBookType();
}
private void SetBookType()
{
    DataTable dt = All.dbo.getDataTable("select name,id from booktype");
    this.cboBookType.DataSource = dt;
    this.cboBookType.DisplayMember = "name";
    this.cboBookType.ValueMember = "id";
}
private void SetControl()
{
    this.tbName.Text = this.obi.Name;
    this.cboBookType.Text = this.obi.BookType.Name;
    this.tbAuthor.Text = this.obi.Author;
    this.tbPrice.Text = this.obi.Price;
    this.tbPress.Text = this.obi.Press;
    this.tbPublicationTime.Text = this.obi.PublicationTime;
```

```
        this.tbRevision.Text = this.obi.Revision;
        this.tbPages.Text = this.obi.Pages;
        this.tbWords.Text = this.obi.Words;
        this.tbPrintingTime.Text = this.obi.PrintingTime;
        this.tbFormat.Text = this.obi.Format;
        if (this.obi.BookShelf == "1")
        {
            this.cboBookShelf.SelectedIndex = 1;
        }
        if (this.obi.BookShelf == "2")
        {
            this.cboBookShelf.SelectedIndex = 2;
        }
        if (this.obi.BookShelf == "3")
        {
            this.cboBookShelf.SelectedIndex = 3;
        }
        if (this.obi.BookShelf == "4")
        {
            this.cboBookShelf.SelectedIndex = 4;
        }
    }
    private bool ValidControl()
    {
        if (this.tbName.Text == "")
        {
            MessageBox.Show("请填写书名！");
            this.tbName.Focus();
            return false;
        }
        if (this.cboBookType.Text == "")
        {
            MessageBox.Show("请选择图书分类！");
            this.cboBookType.Focus();
            return false;
        }
        if (this.tbAuthor.Text == "")
        {
            MessageBox.Show("请填写作者！");
            this.tbAuthor.Focus();
            return false;
        }
        if (this.tbPrice.Text == "")
        {
            MessageBox.Show("请填写定价！");
            this.tbPrice.Focus();
            return false;
        }
        if (this.tbPress.Text == "")
        {
```

```
            MessageBox.Show("请填写出版社！");
            this.tbPress.Focus();
            return false;
        }
        if (this.cboBookShelf.SelectedIndex == 0)
        {
            MessageBox.Show("请选择书架！");
            this.cboBookShelf.Focus();
            return false;
        }
        return true;
    }
    private void gbtnCancel_Click(object sender, EventArgs e)
    {
        this.Close();
    }
    private void btnBookType_Click(object sender, EventArgs e)
    {
        FormBookTypeList fbtl = new FormBookTypeList();
        fbtl.ShowDialog();
    }
```

7.3 图书借阅卡管理模块设计

7.3.1 借阅卡信息窗体界面设计

借阅卡信息窗体如图7.6所示。

借阅卡信息

卡号： [读卡]

姓名：

性别： 男 女

生日： 2015年11月10日

身份证号：

发卡时间： 2015年11月10日

有效时间： 2015年11月10日

发卡人：

提示：红色为必填项 [确定] [取消]

图7.6 借阅卡信息窗体

7.3.2 借阅卡信息窗体代码设计

```
ObjCardInfo oci;
int flag;

public FormCardInfo()
{
    InitializeComponent();
}

public FormCardInfo(int flag,ObjCardInfo oci)
{
    InitializeComponent();
    this.oci = oci;
    this.flag = flag;
    SetControl();
    Init();
}

private void Init()
{
    //续期
    if (this.flag == 5)
    {
        this.gbtnReadCard.Enabled = false;
        this.tbName.Enabled = false;
        this.rbtn0.Enabled = false;
        this.rbtn1.Enabled = false;
        this.dtpBrithday.Enabled = false;
        this.tbSID.Enabled = false;
        this.dtpStartTime.Enabled = false;
    }
}

private void SetControl()
{
    this.tbRFID.Text = this.oci.Rfid;
    this.tbName.Text = this.oci.Name;
    if (this.oci.Sex == "男")
    {
        this.rbtn1.Checked = true;
    }
    else
    {
        this.rbtn0.Checked = false;
    }
```

```
        this.dtpBrithday.Value = this.oci.Brithday;
        this.tbSID.Text = this.oci.SID;
        this.dtpStartTime.Value = this.oci.StartTime;
        this.dtpEndTime.Value = this.oci.EndTime;
        if (this.flag != 1)
        {
            this.tbUser.Text = this.oci.User.Name;
            this.tbUser.Tag = this.oci.User;
        }
        else
        {
            this.tbUser.Text = All.userLogin.Name;
            this.tbUser.Tag = All.userLogin;
        }
    }

    private bool ValidControl()
    {
        if (this.tbRFID.Text == "")
        {
            MessageBox.Show("请读卡！ ");
            this.gbtnReadCard.Focus();
            return false;
        }
        if (this.tbName.Text == "")
        {
            MessageBox.Show("请填写姓名！ ");
            this.tbName.Focus();
            return false;
        }

        return true;
    }

    private void GetControl()
    {
        this.oci.Rfid = this.tbRFID.Text;
        this.oci.Name = this.tbName.Text;
        if (this.rbtn0.Checked)
        {
            this.oci.Sex = "女";
        }
        else if (this.rbtn1.Checked)
        {
            this.oci.Sex = "男";
        }
```

```
        this.oci.Brithday = this.dtpBrithday.Value;
        this.oci.SID = this.tbSID.Text;
        this.oci.StartTime = this.dtpStartTime.Value;
        this.oci.EndTime = this.dtpEndTime.Value;
        this.oci.User = this.tbUser.Tag as UserManage.ObjUser;
    }

    private void gbtnCancel_Click(object sender, EventArgs e)
    {
        this.Close();
    }

    private void gbtnOK_Click(object sender, EventArgs e)
    {
        if (ValidControl())
        {
            GetControl();

            if (this.flag == 1)
            {
                if (this.oci.IsHas())
                {
                    MessageBox.Show("此借阅卡还没有退卡！");
                    this.Close();
                }
                else
                {
                    this.oci.Insert();
                    this.DialogResult = DialogResult.OK;
                    this.Close();
                }
            }
            else if (this.flag == 3)
            {
                this.oci.Update();
                this.DialogResult = DialogResult.OK;
                this.Close();
            }
            else if (this.flag == 4)
            {

            }
            else if (this.flag == 5)
            {
                this.oci.Update();
                this.DialogResult = DialogResult.OK;
```

```
                this.Close();
            }
        }
    }

    private void gbtnReadCard_Click(object sender, EventArgs e)
    {
        string rfidNumber =   RfidOperate.GetRfid();

        if (rfidNumber=="")
        {
            MessageBox.Show("未读到借阅卡！ ");
            this.tbRFID.Text = "";
        }
        else
        {
            this.tbRFID.Text = rfidNumber;
        }
    }
```

7.3.3　借阅卡管理窗体界面设计

借阅卡管理窗体如图 7.7 所示。

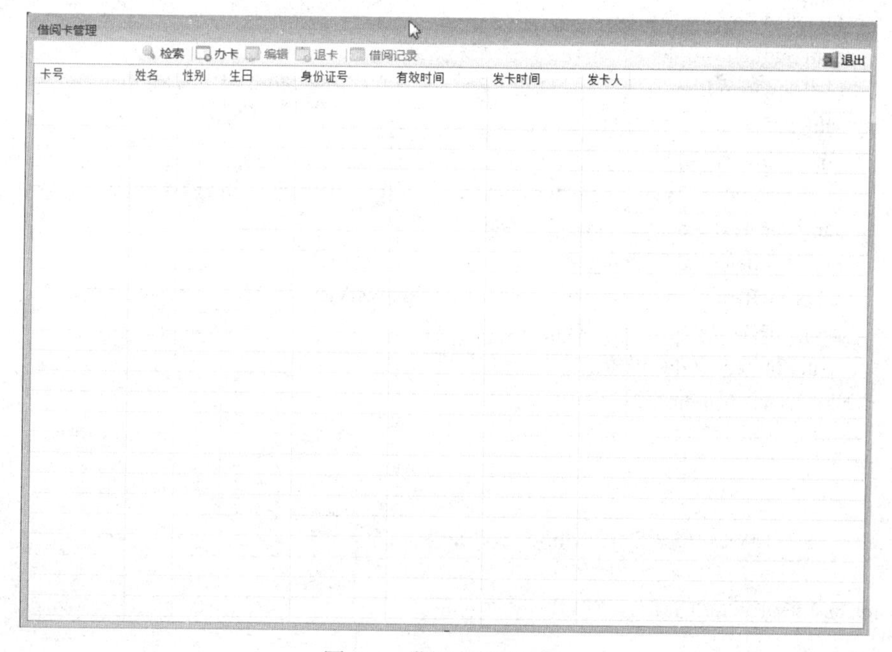

图 7.7　借阅卡管理窗体

7.3.4　借阅卡管理窗体代码设计

```
public FormCardList()
{
    InitializeComponent();
```

```
        SetListView();
    }
    private void SetListView()
    {
        this.listView1.Items.Clear();
        List<ObjCardInfo> listCard = ObjCardInfo.GetAllCard();
        for (int i = 0; i < listCard.Count; i++)
        {
            ObjCardInfo oci = listCard[i];
            ListViewItem item = new ListViewItem(oci.Rfid);
            item.Tag = oci;
            ListViewItem.ListViewSubItem subitem1 = new ListViewItem.ListViewSubItem();
            subitem1.Text = oci.Name;
            item.SubItems.Add(subitem1);
            ListViewItem.ListViewSubItem subitem2 = new ListViewItem.ListViewSubItem();
            subitem2.Text = oci.Sex;
            item.SubItems.Add(subitem2);
            ListViewItem.ListViewSubItem subitem3 = new ListViewItem.ListViewSubItem();
            subitem3.Text = oci.Brithday.ToString("yyyy 年 MM 月 dd 日");
            item.SubItems.Add(subitem3);
            ListViewItem.ListViewSubItem subitem4 = new ListViewItem.ListViewSubItem();
            subitem4.Text = oci.SID;
            item.SubItems.Add(subitem4);
            ListViewItem.ListViewSubItem subitem5 = new ListViewItem.ListViewSubItem();
            subitem5.Text = oci.StartTime.ToString();
            item.SubItems.Add(subitem5);
            ListViewItem.ListViewSubItem subitem6 = new ListViewItem.ListViewSubItem();
            subitem6.Text = oci.EndTime.ToString();
            item.SubItems.Add(subitem6);
            ListViewItem.ListViewSubItem subitem7 = new ListViewItem.ListViewSubItem();
            subitem7.Text = oci.User.Name;
            item.SubItems.Add(subitem7);
            this.listView1.Items.Add(item);
        }
    }

    private void SetListView(List<ObjCardInfo> listCard)
    {
        this.listView1.Items.Clear();

        for (int i = 0; i < listCard.Count; i++)
        {
            ObjCardInfo oci = listCard[i];

            ListViewItem item = new ListViewItem(oci.Rfid);
            item.Tag = oci;
```

```
                ListViewItem.ListViewSubItem subitem1 = new ListViewItem.ListViewSubItem();
                subitem1.Text = oci.Name;
                item.SubItems.Add(subitem1);
                ListViewItem.ListViewSubItem subitem2 = new ListViewItem.ListViewSubItem();
                subitem2.Text = oci.Sex;
                item.SubItems.Add(subitem2);
                ListViewItem.ListViewSubItem subitem3 = new ListViewItem.ListViewSubItem();
                subitem3.Text = oci.Brithday.ToString("yyyy 年 MM 月 dd 日");
                item.SubItems.Add(subitem3);
                ListViewItem.ListViewSubItem subitem4 = new ListViewItem.ListViewSubItem();
                subitem4.Text = oci.SID;
                item.SubItems.Add(subitem4);
                ListViewItem.ListViewSubItem subitem5 = new ListViewItem.ListViewSubItem();
                subitem5.Text = oci.StartTime.ToString();
                item.SubItems.Add(subitem5);
                ListViewItem.ListViewSubItem subitem6 = new ListViewItem.ListViewSubItem();
                subitem6.Text = oci.EndTime.ToString();
                item.SubItems.Add(subitem6);
                ListViewItem.ListViewSubItem subitem7 = new ListViewItem.ListViewSubItem();
                subitem7.Text = oci.User.Name;
                item.SubItems.Add(subitem7);
            this.listView1.Items.Add(item);
        }
    }

    private void tsbtnExit_Click(object sender, EventArgs e)
    {
        this.Close();
    }

    private void tsbtnInsert_Click(object sender, EventArgs e)
    {
        FormCardInfo fci = new FormCardInfo(1, new ObjCardInfo());
        if (fci.ShowDialog() == DialogResult.OK)
        {
            SetListView();
            IsEnabled(false);
        }
    }

    private void IsEnabled(bool Enabled)
    {
        //this.tsbtnAddTime.Enabled = Enabled;
        this.tsbtnUpdate.Enabled = Enabled;
        this.tsbtnDelete.Enabled = Enabled;
        this.tsbtnRecord.Enabled = Enabled;
```

```
}
private void listView1_SelectedIndexChanged(object sender, EventArgs e)
{
    if (this.listView1.SelectedItems.Count > 0)
    {
        IsEnabled(true);
    }
    else
    {
        IsEnabled(false);
    }
}

private void tsbtnAddTime_Click(object sender, EventArgs e)
{
    if (this.listView1.SelectedItems.Count > 0)
    {
        ObjCardInfo oci = this.listView1.SelectedItems[0].Tag as ObjCardInfo;
        FormCardInfo fci = new FormCardInfo(5, oci);
        if (fci.ShowDialog() == DialogResult.OK)
        {
            SetListView();
            IsEnabled(false);
        }
    }
}

private void tsbtnUpdate_Click(object sender, EventArgs e)
{
    if (this.listView1.SelectedItems.Count > 0)
    {
        ObjCardInfo oci = this.listView1.SelectedItems[0].Tag as ObjCardInfo;
        FormCardInfo fci = new FormCardInfo(3, oci);
        if (fci.ShowDialog() == DialogResult.OK)
        {
            SetListView();
            IsEnabled(false);
        }
    }
}

private void tsbtnQuery_Click(object sender, EventArgs e)
{
    if (this.tstbTj.Text != "")
    {
        if (IsNumber())
```

```
            {
                string sql = string.Format("select rfid from librarycard where rfid like '%
                    {0}%' order by endtime asc", this.tstbTj.Text);
                    SetListView(ObjCardInfo.GetAllCard(sql));
            }
            else
            {
                string sql = string.Format("select rfid from librarycard where name like '%
{0}%' order by endtime asc", this.tstbTj.Text);
                SetListView(ObjCardInfo.GetAllCard(sql));
            }
        }
        else
        {
            SetListView();
        }
    }

    private bool IsNumber()
    {
        try
        {
            Convert.ToInt64(this.tstbTj.Text);
            return true;
        }
        catch
        {
            return false;
        }
    }

    private void tsbtnRecord_Click(object sender, EventArgs e)
    {
        if (this.listView1.SelectedItems.Count > 0)
        {
            FormCardRecord fcr = new FormCardRecord(this.listView1.SelectedItems[0].
                Tag as ObjCardInfo);
            fcr.ShowDialog();
        }
    }

    private void tsbtnDelete_Click(object sender, EventArgs e)
    {
        if (this.listView1.SelectedItems.Count > 0)
        {
            ObjCardInfo oci = this.listView1.SelectedItems[0].Tag as ObjCardInfo;
```

```
            int count = oci.NotReturnCount();
            if (count == 0)
            {
                if (MessageBox.Show("是否确定退卡！ ", "", MessageBoxButtons.YesNo) ==
                    DialogResult.Yes)
                {
                    oci.Delete();
                    SetListView();
                    IsEnabled(false);
                }
            }
            else
            {
                MessageBox.Show(oci.Name + "还有" + count.ToString() + "本书未归还，不能退卡！ ");
            }
        }
    }
```

7.4　借书模块设计

7.4.1　借书窗体界面设计

借书窗体如图 7.8 所示。

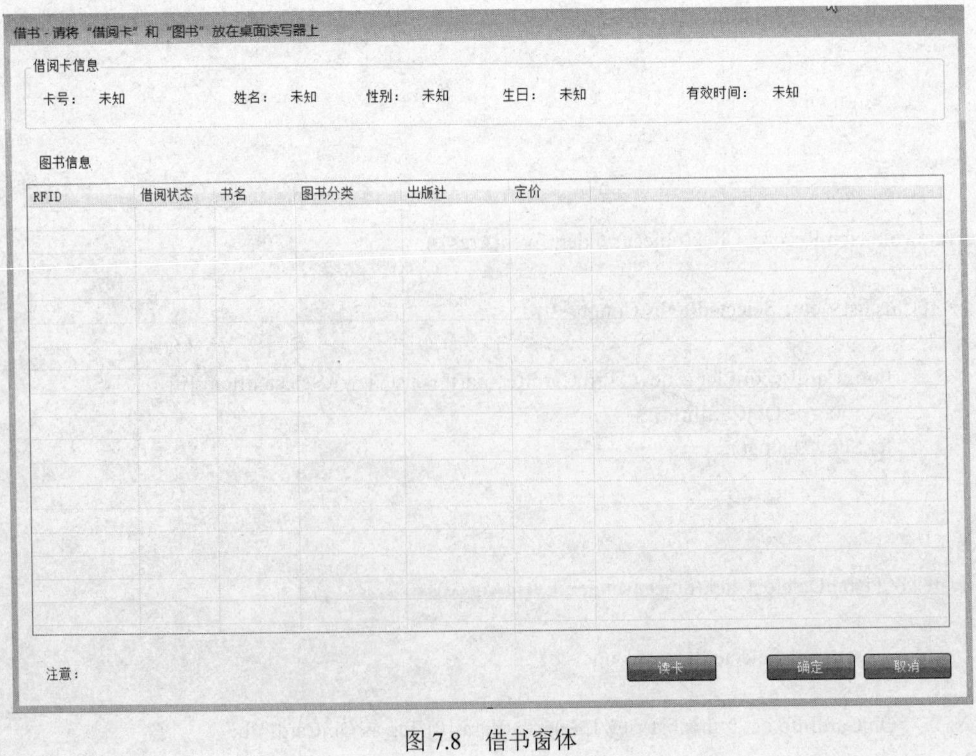

图 7.8　借书窗体

7.4.2 借书窗体代码设计

```
int flag;
ObjCardInfo oci;
public FormBookJie(int flag)
{
    InitializeComponent();
    this.flag = flag;
    Init();
}

private void Init()
{
    if (this.flag == 1)
    {
        this.Text = "借书 - 请将“借阅卡”和“图书”放在桌面读写器上";
    }
    else
    {
        this.Text = "还书 - 请将“借阅卡”和“图书”放在桌面读写器上";
    }
}

private void gbtnReadCard_Click(object sender, EventArgs e)
{
    this.gbtnOK.Enabled = false;

    //读取借阅卡信息
    if (GetCardInfo())
    {
        //读取借阅图书信息
        if (GetBookInfo())
        {
            if (this.flag == 1)
            {
                this.lblNote.Text = "注意：请点击确定按钮借阅！";
            }
            else
            {
                this.lblNote.Text = "注意：请点击确定按钮归还！";
            }
            this.gbtnOK.Enabled = true;
        }
        else
        {
            if (this.flag == 1)
            {
                this.lblNote.Text = "注意：有已经借阅的图书！";
            }
            else
```

```
                {
                    this.lblNote.Text = "注意：有已经归还的图书！";
                }
            }
        }
    }

    private bool GetBookInfo()
    {
        bool result = true;

        this.listView1.Items.Clear();

        List<string> listBooks = RfidOperate.GetBookList();

        for (int i = 0; i < listBooks.Count; i++)
        {
            ObjBookInfo obi = new ObjBookInfo(listBooks[i]);

            ListViewItem item = new ListViewItem();
            item.Text = obi.RFID;
            item.Tag = obi;

            ListViewItem.ListViewSubItem subLendStatus = new ListViewItem.ListViewSubItem();
            subLendStatus.Text = obi.LendStatus;
            if (this.flag == 1)
            {
                if (obi.LendStatus == "已借出")
                {
                    result = false;
                }
            }
            else
            {
                if (obi.LendStatus == "未借出")
                {
                    result = false;
                }
            }
            item.SubItems.Add(subLendStatus);

            ListViewItem.ListViewSubItem subBookName = new ListViewItem.ListViewSubItem();
            subBookName.Text = obi.Name;
            item.SubItems.Add(subBookName);

            ListViewItem.ListViewSubItem subBookType = new ListViewItem.ListViewSubItem();
            subBookType.Text = obi.BookType.Name;
            item.SubItems.Add(subBookType);
            ListViewItem.ListViewSubItem subPress = new ListViewItem.ListViewSubItem();
            subPress.Text = obi.Press;
```

```
            item.SubItems.Add(subPress);
            ListViewItem.ListViewSubItem subPrice = new ListViewItem.ListViewSubItem();
            subPrice.Text = obi.Price;
            item.SubItems.Add(subPrice);

            this.listView1.Items.Add(item);
        }

        return result;
    }

    private bool GetCardInfo()
    {
        string rfidCard = RfidOperate.GetCard();
        if (rfidCard == "")
        {
            this.lblNote.Text = "注意：请把借阅卡放在桌面读写器上！";
            return false;
        }
        ObjCardInfo oci = new ObjCardInfo(rfidCard);
        this.lblRfid.Text = oci.Rfid;
        this.lblName.Text = oci.Name;
        this.lblSex.Text = oci.Sex;
        this.lblBrithday.Text = oci.Brithday.ToString("yyyy 年 MM 月 dd 日");
        if (oci.IsOverTime())
        {
            this.lblEndTime.ForeColor = Color.Red;
            this.lblEndTime.Text = oci.EndTime.ToString("yyyy 年 MM 月 dd 日");
            this.lblNote.Text = "注意：此借阅卡已经过期！";
            return false;
        }
        else
        {
            this.lblEndTime.ForeColor = Color.Black;
            this.lblEndTime.Text = oci.EndTime.ToString("yyyy 年 MM 月 dd 日");
        }
        this.oci = oci;

        return true;
    }
    private void gbtnCancel_Click(object sender, EventArgs e)
    {
        this.Close();
    }
    private void gbtnOK_Click(object sender, EventArgs e)
    {
        for (int i = 0; i < listView1.Items.Count; i++)
        {
            ObjBookInfo obi = this.listView1.Items[i].Tag as ObjBookInfo;
            if (this.flag == 1)
```

```
            {
                this.oci.InsertRecord(obi);
                obi.LendStatus = "已借出";
                obi.Update();
            }
            else
            {
                this.oci.ReturnBook(obi);
                obi.LendStatus = "未借出";
                obi.Update();
            }
        }
        this.Close();
    }
```

7.5 还书模块设计

7.5.1 还书窗体界面设计

还书窗体如图 7.9 所示。

图 7.9　还书窗体

7.5.2 还书窗体代码设计

```
private void gbtnReadCard_Click(object sender, EventArgs e)
{
    this.gbtnOK.Enabled = false;
```

```
        //读取借阅图书信息
        if (GetBookInfo())
        {
            this.lblNote.Text = "注意：请点击确定按钮归还！";
            this.gbtnOK.Enabled = true;
        }
        else
        {
            this.lblNote.Text = "注意：有已经归还的图书！";
        }
    }

    private void gbtnOK_Click(object sender, EventArgs e)
    {
        for (int i = 0; i < listView1.Items.Count; i++)
        {
            ObjBookInfo obi = this.listView1.Items[i].Tag as ObjBookInfo;
            obi.Return();
            obi.LendStatus = "未借出";
            obi.Update();
        }

        this.Close();
    }

    private void gbtnCancel_Click(object sender, EventArgs e)
    {
        this.Close();
    }

    private bool GetBookInfo()
    {
        bool result = true;

        this.listView1.Items.Clear();

        List<string> listBooks = RfidOperate.GetBookList();

        for (int i = 0; i < listBooks.Count; i++)
        {
            ObjBookInfo obi = new ObjBookInfo(listBooks[i]);
            ListViewItem item = new ListViewItem();
            item.Text = obi.RFID;
            item.Tag = obi;
            ListViewItem.ListViewSubItem subLendStatus = new ListViewItem.ListViewSubItem();
            subLendStatus.Text = obi.LendStatus;
```

```
            if (obi.LendStatus == "未借出")
            {
                result = false;
            }
            item.SubItems.Add(subLendStatus);
            ListViewItem.ListViewSubItem subBookName = new ListViewItem.ListViewSubItem();
            subBookName.Text = obi.Name;
            item.SubItems.Add(subBookName);
            ListViewItem.ListViewSubItem subBookType = new ListViewItem.ListViewSubItem();
            subBookType.Text = obi.BookType.Name;
            item.SubItems.Add(subBookType);
            ListViewItem.ListViewSubItem subPress = new ListViewItem.ListViewSubItem();
            subPress.Text = obi.Press;
            item.SubItems.Add(subPress);
            ListViewItem.ListViewSubItem subPrice = new ListViewItem.ListViewSubItem();
                    subPrice.Text = obi.Price;
                    item.SubItems.Add(subPrice);
            this.listView1.Items.Add(item);
        }
        return result;
    }
```

第二部分　实训指导

第 8 章　智慧超市需求分析

8.1　立项背景

21 世纪，超市的竞争进入到了一个全新的阶段，不再是规模的竞争，而是技术的竞争、管理的竞争、人才的竞争，技术的提升和管理的升级是超市竞争的核心。零售领域目前呈多元发展趋势，多种业态如超市、仓储店、便利店、特许加盟店、专卖店、货仓等并存，如何在激烈的竞争中扩大销售额、降低经营成本、扩大经营规模，已成为超市营业者努力追求的目标。

本系统在原有超市管理系统的基础上，加入 RFID 及无线传感器网络技术实现自动售货管理和自动库存管理，帮助超市解决目前所面临的问题，提高小型超市的竞争力。

8.2　项目概述

8.2.1　面向的用户

超市经理主要负责查询和权限设置，销售员主要负责前台销售，系统管理员主要负责系统维护和数据处理。

8.2.2　实现目标

（1）建立一个界面友好、操作简单的超市管理系统。

（2）能够更好地控制和加速超市各种资源的流转。

（3）实现对进货商品的信息录入，并建立完整的数据库，对商品实行统一管理。

（4）采购人员查询本系统时可以更直接、更有效地获得商品的情况，了解商品是否畅销或滞销，以及做出精确的进货单、促销商品的条目单。

（5）销售人员可以通过系统查询商品的销售状况，制定下一步的销售计划，对某些特殊产品进行打折优惠活动。

（6）财务人员通过系统的查询可以更加清楚地了解库存、销售金额、是否盈利或亏损等情况。

（7）超市管理者有效把握商品的进、销、存动态，使管理更方便，进一步提高工作效率。

8.2.3　项目开发要求

（1）项目开发规范统一：模块划分、代码编写均遵照小组命名规范文档。

（2）程序优化、安全并要有良好的可扩展性。

（3）用户界面简洁明了、操作简单实用。

（4）与用户保持良好的沟通，及时根据用户的新需求改善系统功能。

8.2.4 开发工具

Microsoft Visual Studio 2012

SQL Server 2008

8.3 系统描述

8.3.1 系统概述

该超市管理系统主要分为两大部分，分别是前台 POS 销售系统和后台管理系统。前台 POS 销售系统包括商品信息的录入和收银业务；后台管理系统分为统计系统、销售管理、仓库管理和人员管理。该系统使超市管理更加方便。

8.3.2 系统总体结构

系统总体结构如图 8.1 所示。

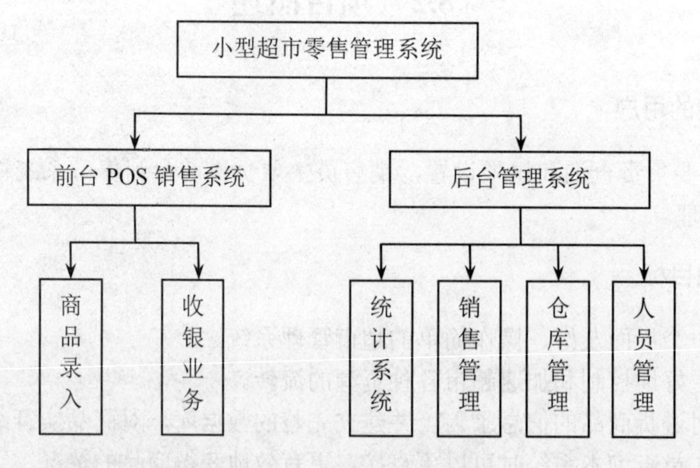

图 8.1 系统总体结构

8.3.3 各部分功能描述

前台 POS 销售系统：主要负责日常销售。

统计系统：负责各项数据的统计查询。

销售管理：销售管理子系统主要负责成批批发商品，对商品的销售信息、POS 机销售信息进行查询和对商品信息进行修改。

仓库管理：仓库管理子系统提供查询库存明细记录的基本功能；并根据库存的状态提供库存报警功能，商品库存高于上限或低于下限均可报警；除此之外，还具有自动盘点计算，自动制定进货计划，进货时自动划分等级，以及查询和打印进货计划、入库记录等功能。

人员管理：人员管理子系统提供基本信息登记管理、员工操作权限管理、客户销售权限管理等功能。

8.4　系统分析

8.4.1　用例图

（1）POS 机销售

POS 机销售用例图如图 8.2 所示。

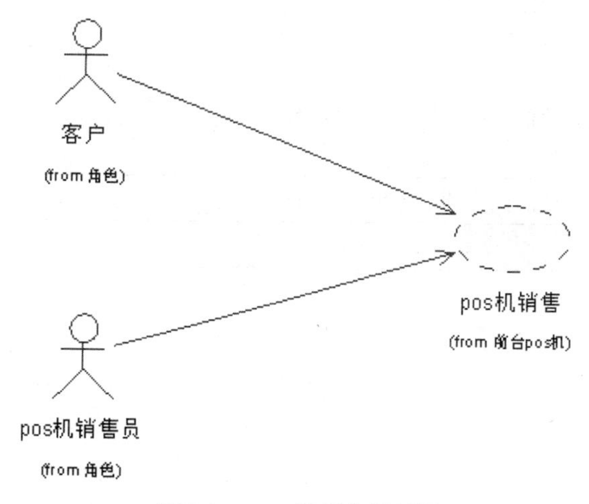

图 8.2　POS 机销售用例图

用例分析：

用例名称：POS 机销售
描述：POS 机销售员使用 POS 机销售用例完成收银任务
标识符：uc1
优先级：A(高)
角色: POS 机销售员
前置条件：POS 机销售员已成功登录系统并具有查询商品信息、收银的权限
主事件流： 1．POS 机销售员选择“POS 机销售”选项，用例开始 2．POS 机销售员输入证号，系统根据规则检查证号的有效性 A1：POS 机销售员证号无效 3．POS 机销售员输入密码，系统检查密码是否正确 A2：密码错误 4．显示登录成功的提示信息 5．POS 机销售员扫描输入顾客所购买的商品 6．系统根据扫描的商品，进入数据库调出商品单价，并进行价钱的累加

7. POS 机销售员扫描会员卡 A3：有会员卡 8. 显示商品总价格 9. 接受顾客付款，收银员点击确认 10. 打印发票 11. 用例结束
其他事件流： A1：POS 机销售员证号无效 （1）系统 POS 机销售员证号无效的提示信息 （2）返回主事件流第 2 步 A2：密码错误 （1）系统显示密码错误的提示信息 （2）返回主事件流第 3 步 A3：有会员卡 （1）系统显示会员的具体信息，进行折扣计价 （2）跳至主事件流第 8 步
后置条件：系统成功将已售出的商品的信息更新至数据库中
特殊需求：

（2）仓库管理

仓库管理用例图如图 8.3 所示。

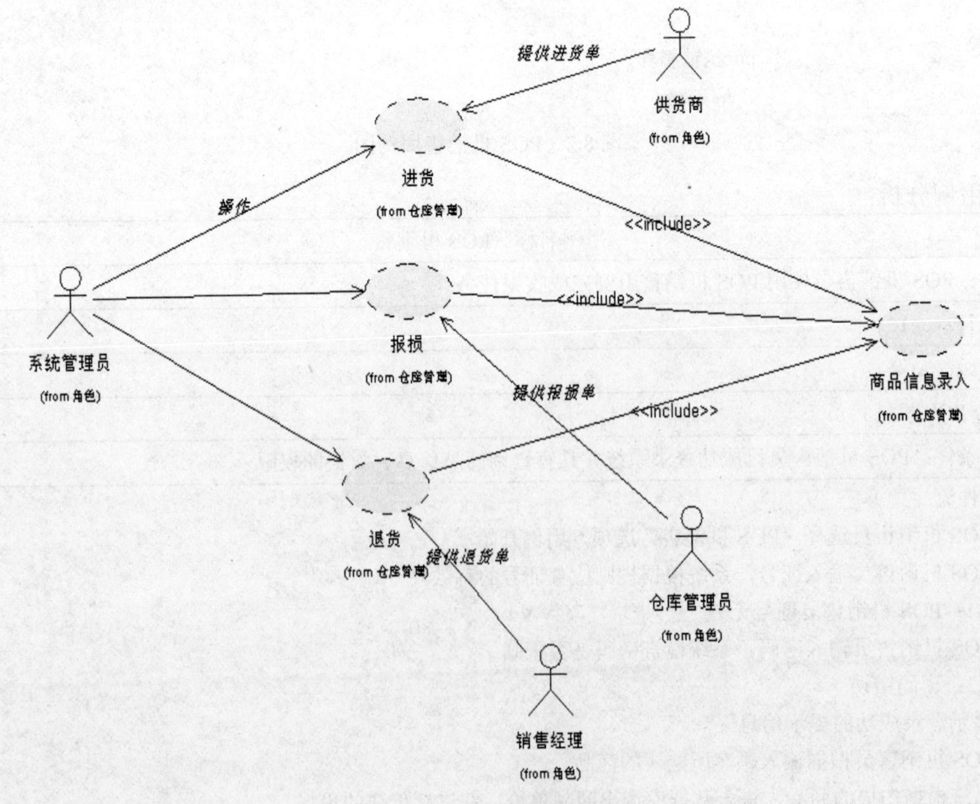

图 8.3　仓库管理用例图

用例分析：

用例名称：报损管理
描述：仓库管理员使用报损管理用例完成报损任务
标识符：uc1
优先级：A(高)
角色：仓库管理员
前置条件：仓库管理员已成功登录系统并具有处理报损货品的权限
主事件流： 1．仓库管理员选择“报损管理”选项，用例开始 2．仓库管理员打开报损界面获取报损信息表 3．仓库管理员输入报损信息 4．系统对输入的报损信息的有效性进行检查 　A1：信息无效 5．系统自动更新数据库的商品信息 6．将更新的信息写入系统日志文件中 7．用例结束
其他事件流： A1：信息无效 　（1）系统显示信息无效的提示信息 　（2）返回主事件流第 4 步
后置条件：系统成功将报损信息记入统计系统
特殊需求：

用例名称：进货管理
描述：系统管理员、仓库管理员使用进货管理用例完成进货任务
标识符：uc2
优先级：A(高)
角色：系统管理员、仓库管理员
前置条件：仓库管理员已成功登录系统并具有查看、填写进货单的权限
主事件流： 1．仓库管理员选择“进货管理”选项，用例开始 2．系统自动进入进货管理界面 3．系统通过检查仓库的数据库信息获取进货单 4．仓库管理员检查并确认是否进货 　A1：检查失败 5．仓库管理员录入进货单据

6．检查单据格式的正确性并根据单据进货 A2：单据格式不正确 7．系统管理员写入进货信息并更新数据库 8．将更新的信息写入系统日志文件中 9．用例结束
其他事件流： A1：检查失败 （1）系统显示不进货 （2）返回主事件流第 2 步 A2：单据格式不正确 （1）系统显示错误的提示信息 （2）返回主事件流第 5 步
后置条件：
特殊需求：

用例名称：商品信息录入
描述：仓库管理员使用商品信息录入用例完成对商品的管理
标识符：uc4
优先级：A(高)
角色：仓库管理员
前置条件：仓库管理员已成功登录系统并具有对所有商品进行管理的权限
主事件流： 1．仓库管理员选择“商品信息录入”选项，用例开始 2．仓库管理员写入要录入的商品信息 3．系统检查商品信息的有效性 A1：商品信息无效 4．系统自动录入该商品的有关详细信息 5．检查是否有效录入 A2：录入错误 6．更新数据库中的商品信息 7．保存到统计系统的日志文件中 8．用例结束
其他事件流： A1：商品信息无效 （1）系统显示商品信息无效的提示信息 （2）返回主事件流第 2 步 A2：录入错误

（1）系统显示录入错误的提示信息 （2）返回主事件流第4步
后置条件：系统成功将更新的信息保存直至下一次更新
特殊需求：

用例名称：退货管理
描述：仓库管理员使用退货管理用例完成退货任务
标识符：uc5
优先级：A(高)
角色：仓库管理员
前置条件：仓库管理员已成功登录系统并具有货品处理的权限
主事件流： 1．仓库管理员选择“退货管理”选项，用例开始 2．系统进入退货管理界面 3．仓库管理员获取退货的信息表 4．仓库管理员录入退货单据 5．系统检查退货单据的有效性 A1：检查无效 6．将单据呈交经理审批 A2：审批不通过 7．系统管理员写入退货信息并更新数据库 8．记入系统日志文件中 9．用例结束
其他事件流： A1：检查无效 （1）系统显示无效的提示信息 （2）返回主事件流第5步 A2：审批不通过 （1）系统显示审批不通过的提示信息 （2）返回主事件流第6步
后置条件：系统成功将退货信息记入统计系统
特殊需求：

（3）人员管理

人员管理用例图如图8.4所示。

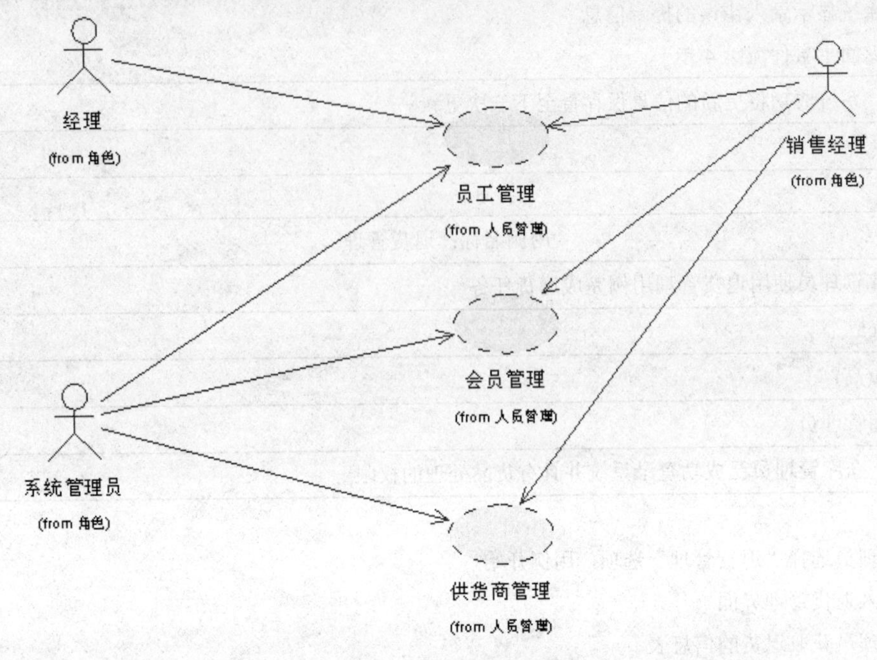

图 8.4　人员管理用例图

用例分析：

用例名称：供货商管理
描述：系统管理员可以对供货商信息进行录入、删除、查询和修改
标识符：uc7
优先级：A(高)
角色：系统管理员
前置条件：系统管理员已成功登录系统并具有对供货商信息进行录入、删除、查询和修改的权限
主事件流： 1．系统管理员选择“供货商管理”选项，用例开始 2．打开供货商管理窗体 3．对供货商信息进行录入并检查格式 A1：格式不正确 4．系统登记一条新的供货商信息 5．系统管理员输入查询条件对供货商信息进行查询 6．系统返回查询结果 7．系统管理员对供货商信息进行修改并检查格式 A2：格式不正确 8．更新供货商信息表 9．系统管理员删除供货商信息

10．更新供货商信息表 11．用例结束
其他事件流： A1：格式不正确 （1）系统提示错误信息 （2）返回主事件流第3步 A2：格式不正确 （1）系统提示错误信息 （2）返回主事件流第7步
后置条件：
特殊需求：

用例名称：会员管理
描述：系统管理员可以对会员基本信息进行录入、查询、删除和修改
标识符：uc8
优先级：A(高)
角色：系统管理员
前置条件：系统管理员已成功登录系统并具有对会员基本信息进行录入、删除、查询和修改的权限
主事件流： 1．系统管理员选择“会员管理”选项，用例开始 2．打开会员管理窗体 3．对会员信息进行录入并检查格式 A1：格式不正确 4．系统登记一条新的会员信息 5．系统管理员输入查询条件对会员信息进行查询 6．系统返回查询结果 7．系统管理员对会员信息进行修改并检查格式 A2：格式不正确 8．更新会员信息表 9．删除会员信息 10．更新会员信息表 11．用例结束
其他事件流： A1：格式不正确 （1）系统提示错误信息 （2）返回主事件流第3步 A2：格式不正确

（1）系统提示错误信息 （2）返回主事件流第 7 步
后置条件：
特殊需求：

用例名称：员工管理
描述：系统管理员可以对员工基本信息进行录入、修改、查询和删除，超市经理可以对员工授予不同权限
标识符：uc9
优先级：A(高)
角色：经理、系统管理员
前置条件：系统管理员已成功登录系统并具有对员工基本信息进行录入、修改、查询和删除的权限，经理拥有最高权限
主事件流： 1．选择“员工管理”选项，用例开始 2．打开员工管理窗体 3．系统管理员或经理录入员工信息并检查信息格式 A1：格式不正确 4．系统成功写入一条员工信息 5．输入查询条件对员工的信息进行查询 6．系统返回查询结果 7．经理对员工权限进行设置 8．更新系统用户表 9．系统管理员对员工信息进行修改并检查信息格式 A2：格式不正确 10．更新员工信息表 11．删除员工信息 12．更新员工信息表 13．用例结束
其他事件流： A1：格式不正确 （1）系统提示格式错误信息 （2）返回主事件流第 3 步 A2：格式不正确 （1）系统提示格式错误信息 （2）返回主事件流第 9 步
后置条件：
特殊需求：

（4）销售管理

销售管理用例图如图 8.5 所示。

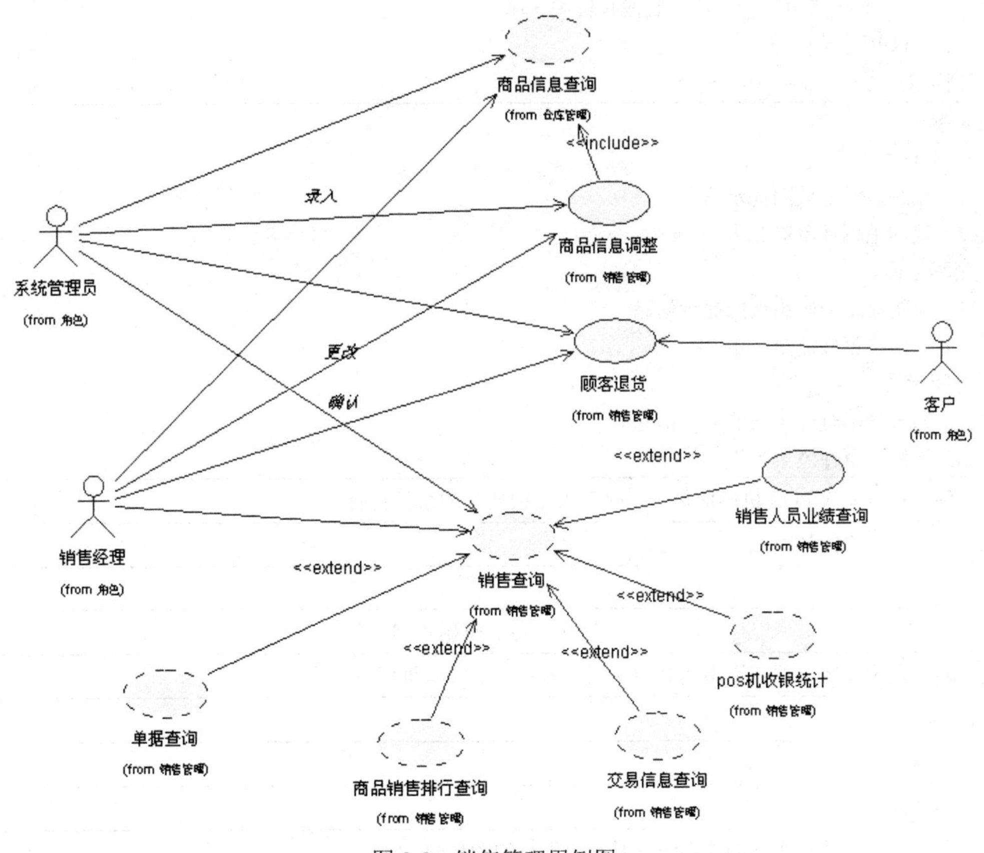

图 8.5　销售管理用例图

用例分析：

用例名称：POS 机收银统计
描述：系统管理员使用 POS 机收银统计用例对输入的流水账进行统计，计算出 POS 机销售员一定时间内的收银情况
标识符：uc10
优先级：A(高)
角色：系统管理员
前置条件：系统管理员已成功登录系统并具有查询 POS 机收银统计情况的权限
主事件流： 1．系统管理员选择“POS 机收银统计”选项，用例开始 2．系统管理员输入证号，系统根据规则检查证号的有效性 A1：证号无效 3．系统管理员输入密码，系统检查密码是否正确 A2：密码错误 4．显示登录成功的提示信息并打开 POS 机收银统计窗体 5．系统管理员输入统计起始时间和截止时间

A3：时间无效 6. 系统计算出各个 POS 机销售员的收银总额 7. 按收银总额对销售员进行排序，制成收银统计单 8. 显示或打印收银统计单 9. 用例结束
其他事件流： A1：证号无效 （1）系统显示无效的提示信息 （2）返回主事件流第 2 步 A2：密码错误 （1）系统显示密码错误的提示信息 （2）返回主事件流第 3 步 A3：时间无效 （1）系统显示时间无效的提示信息 （3）返回主事件流第 5 步
后置条件：系统完成 POS 机操作员一定时间内收银情况的统计排行
特殊需求：

用例名称：单据查询
描述：销售人员使用单据查询用例完成单据录入系统前的审查任务
标识符：uc11
优先级：A(高)
角色：销售人员
前置条件：销售人员已成功登录系统并具有单据查询的权限
主事件流： 1. 销售人员选择“单据查询”选项，用例开始 2. 销售人员输入证号，系统根据规则检查证号的有效性 A1：证号无效 3. 销售人员输入密码，系统检查密码是否正确 A2：密码错误 4. 显示登录成功的提示信息并打开单据查询窗体 5. 销售人员输入单据信息 6. 系统检查各项数据是否完整 A3：数据不完整 7. 系统将输入的单据信息与由前台 POS 销售系统录入数据库中的数据进行对比，检查是否一致 A4：数据不一致 8. 各项数据一致则单据审查合格 9. 用例结束
其他事件流： A1：证号无效

（1）系统显示无效的提示信息 （2）返回主事件流第2步 A2：密码错误 （1）系统显示密码错误的提示信息 （2）返回主事件流第3步 A3：数据不完整 （1）系统显示数据不完整的提示信息 （2）返回主事件流第5步 A4：数据不一致 （1）系统显示数据不一致的提示信息 （2）返回主事件流第5步
后置条件：新录入单据经审查核实合格
特殊需求：

用例名称：交易信息查询
描述：系统收到管理员的查询请求后从后台数据库中取出各项数据，使用交易信息查询用例对交易信息进行处理并显示查询结果
标识符：uc13
优先级：A(高)
角色：系统管理员
前置条件：系统管理员已成功登录系统并具有查询交易信息的权限
主事件流： 1．系统管理员选择“查询交易信息”选项，用例开始 2．系统管理员输入证号，系统根据规则检查证号的有效性 A1：证号无效 3．系统管理员输入密码，系统检查密码是否正确 A2：密码错误 4．显示登录成功的提示信息并打开查询信息窗体 5．系统管理员输入要查询的信息 A3：查询请求无效 6．系统从后台数据库调阅查询交易信息表并从中分别提取POS机流水账、商品销售量、POS机收银数等信息 7．系统反馈显示系统管理员所查信息 8．用例结束
其他事件流： A1：证号无效 （1）系统显示证号无效的提示信息 （2）返回主事件流第2步 A2：密码错误

（1）系统显示密码错误的提示信息 （2）返回主事件流第 3 步 A3：查询请求无效 （1）系统显示查询请求无效的提示信息 （2）返回主事件流第 5 步
后置条件：系统对交易信息进行处理后回复系统管理员的查询请求
特殊需求：

用例名称：商品销售排行查询
描述：系统管理员使用商品销售排行查询用例对输入的商品销售量信息进行加工，输出各种商品在一段时间内的销售情况
标识符：uc14
优先级：A(高)
角色：系统管理员
前置条件：系统管理员已成功登录系统并具有查询商品销售排行的权限
主事件流： 1．系统管理员选择“查询商品销售排行”选项，用例开始 2．系统管理员输入证号，系统根据规则检查证号的有效性 A1：证号无效 3．系统管理员输入密码，系统检查密码是否正确 A2：密码错误 4．显示登录成功的提示信息并打开查询商品销售排行窗体 5．系统管理员输入要查询的商品名称和时间段 A3：商品无效或时间无效 6．摘取流水账中的商品编号、销售数量等信息，按销售数量对其排序生成销售量排序单 7．显示或打印销售量排序单 8．用例结束
其他事件流： A1：证号无效 （1）系统显示证号无效的提示信息 （2）返回主事件流第 2 步 A2：密码错误 （1）系统显示密码错误的提示信息 （2）返回主事件流第 3 步 A3：商品无效或时间无效 （1）系统显示查询商品或时间无效的提示信息 （2）返回主事件流第 5 步
后置条件：系统完成对商品在一段时间内销售情况的排行
特殊需求：

<table>
<tr><td>用例名称：销售人员业绩查询</td></tr>
<tr><td>描述：系统收到系统管理员的销售人员业绩查询请求后对输入的 POS 机销售流水账进行统计，制出各销售人员的流水账单</td></tr>
<tr><td>标识符：uc15</td></tr>
<tr><td>优先级：A(高)</td></tr>
<tr><td>角色：系统管理员</td></tr>
<tr><td>前置条件：系统管理员已成功登录系统并具有查询销售人员业绩的权限</td></tr>
<tr><td>主事件流：
1．系统管理员选择“销售人员业绩查询”选项，用例开始
2．系统管理员输入证号，系统根据规则检查证号的有效性
A1：证号无效
3．系统管理员输入密码，系统检查密码是否正确
A2：密码错误
4．显示登录成功的提示信息并打开销售人员业绩查询窗体
5．系统管理员输入要查询的销售人员姓名或时间段以查询个体的销售信息或销售排名
A3：人员无效
6．摘取流水账中的部分信息，按销售人员编号顺序或时间顺序对销售人员的销售信息进行横向或纵向的排序
7．将各个销售人员的销售信息制成流水账单
8．显示或打印流水帐单
9．用例结束</td></tr>
<tr><td>其他事件流：
A1：证号无效
（1）系统显示证号无效的提示信息
（2）返回主事件流第 2 步
A2：密码错误
（1）系统显示密码错误的提示信息
（2）返回主事件流第 3 步
A3：人员无效
（1）系统显示无此人员的提示信息
（2）返回主事件流第 5 步</td></tr>
<tr><td>后置条件：系统通过处理 POS 机销售流水账制出各销售人员的流水账单</td></tr>
<tr><td>特殊需求：</td></tr>
</table>

8.4.2　活动框图

（1）POS 机销售

POS 机销售活动框图如图 8.6 所示。

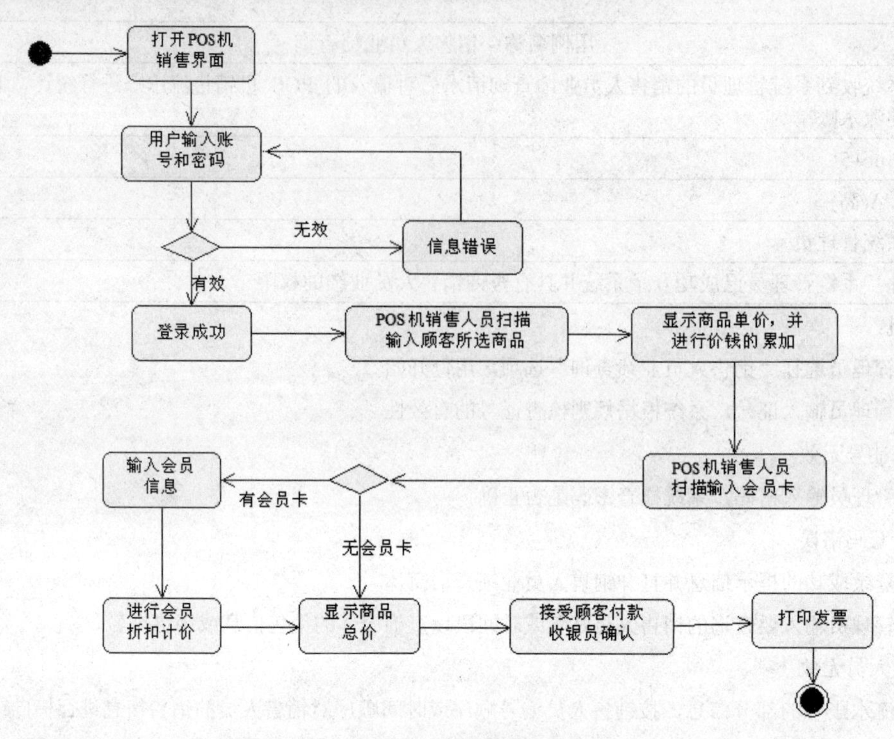

图 8.6　POS 机销售活动框图

（2）报损

报损活动框图如图 8.7 所示。

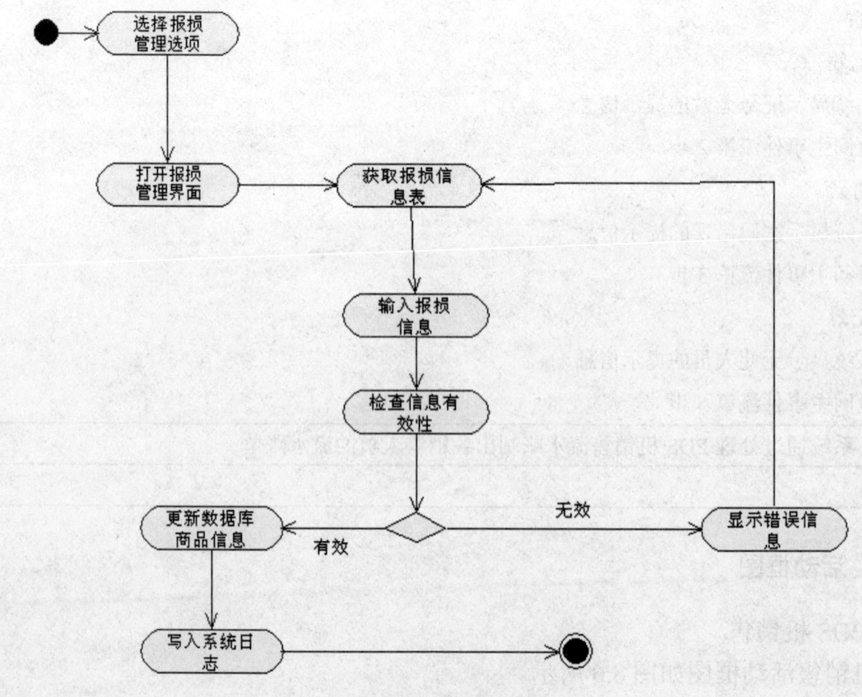

图 8.7　报损活动框图

（3）进货

进货活动框图如图 8.8 所示。

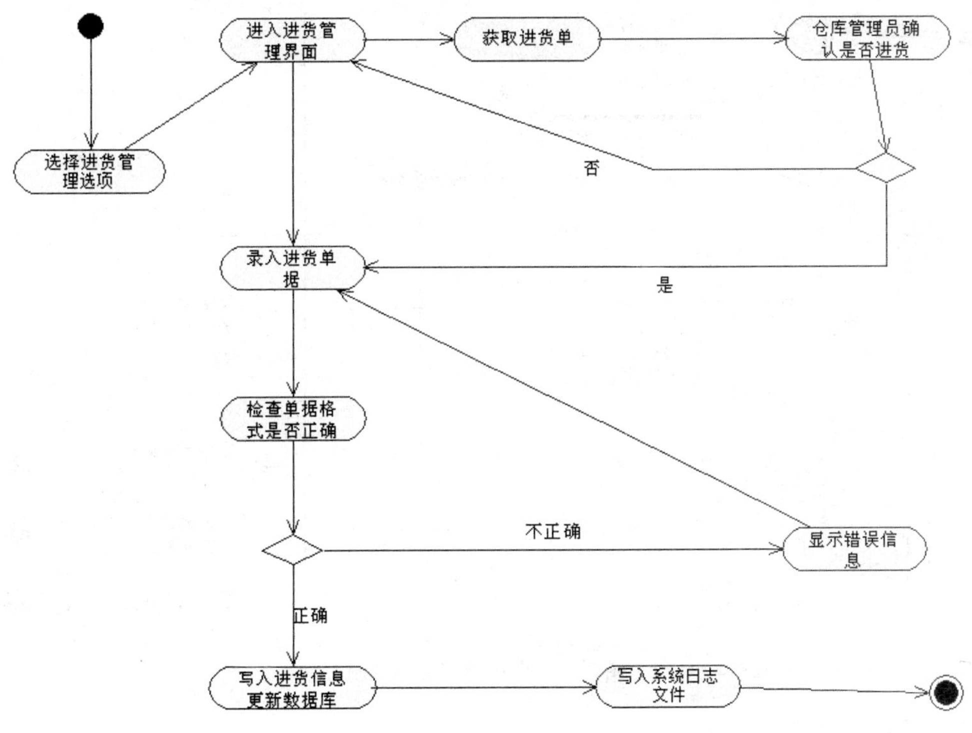

图 8.8 进货活动框图

（4）退货

退货活动框图如图 8.9 所示。

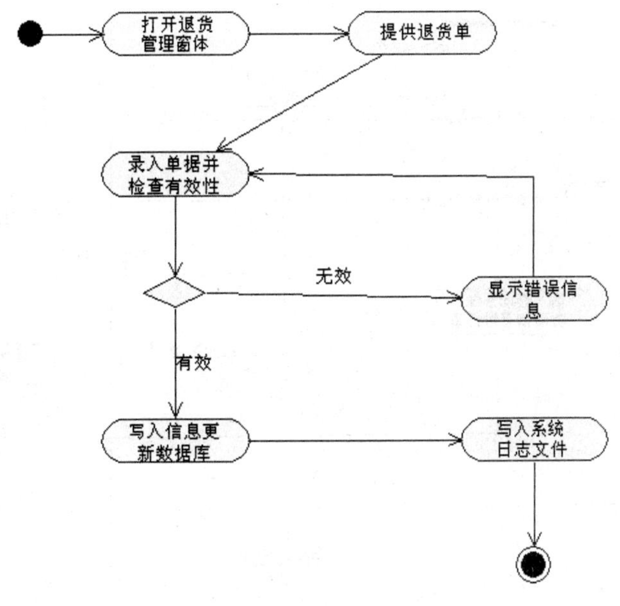

图 8.9 退货活动框图

（5）会员管理

会员管理活动框图如图 8.10 所示。

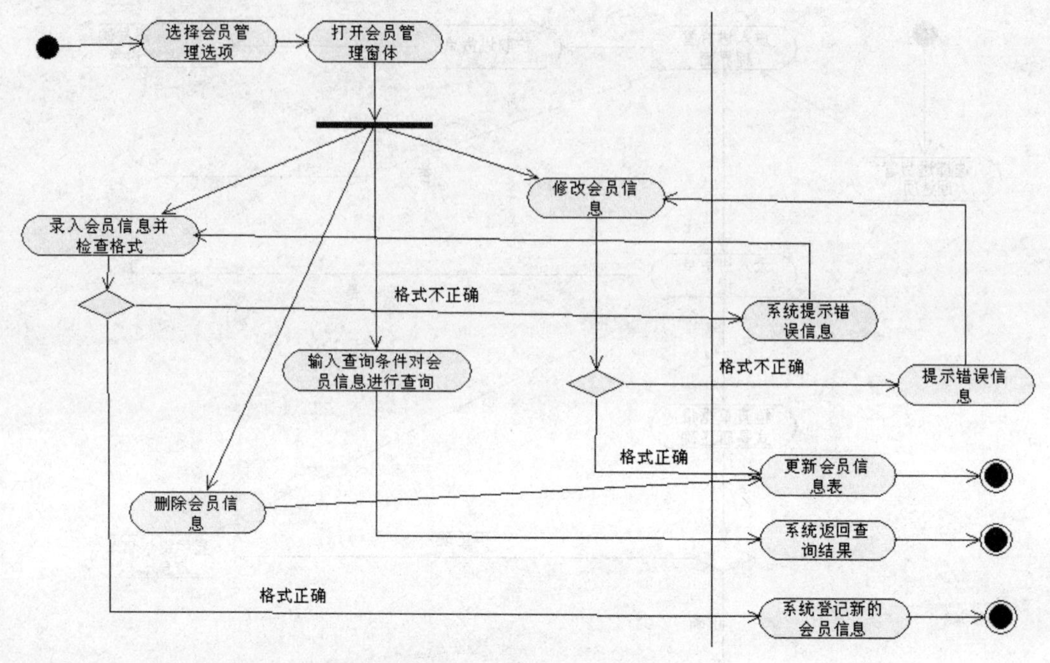

图 8.10　会员管理活动框图

（6）供货商管理

供货商管理活动框图如图 8.11 所示。

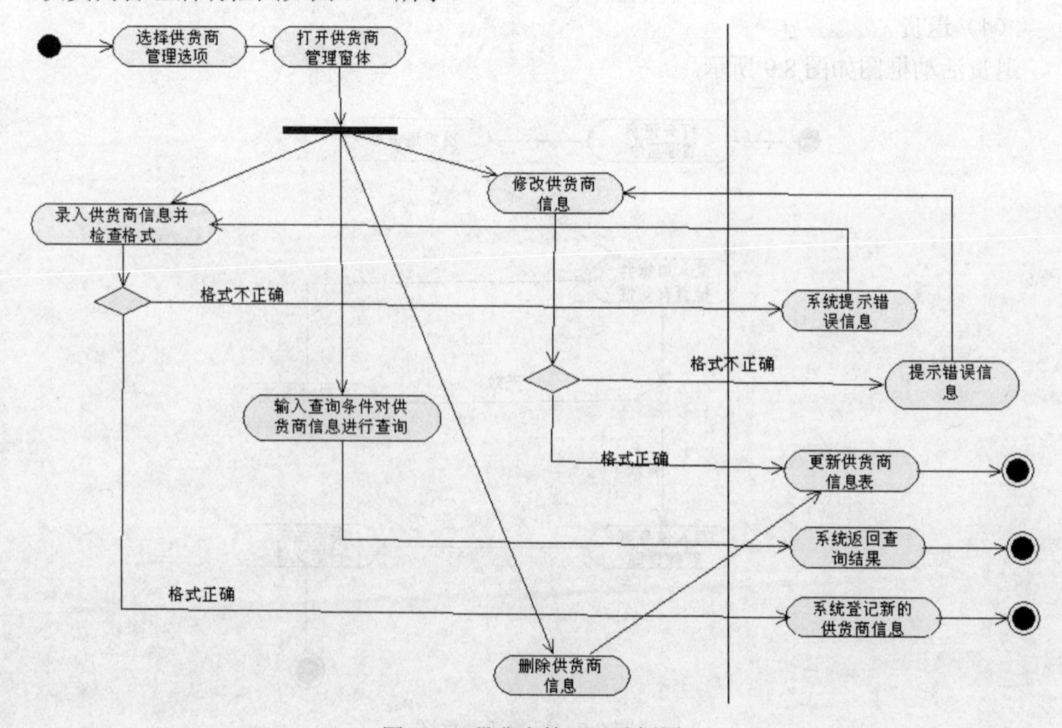

图 8.11　供货商管理活动框图

（7）员工管理

员工管理活动框图如图 8.12 所示。

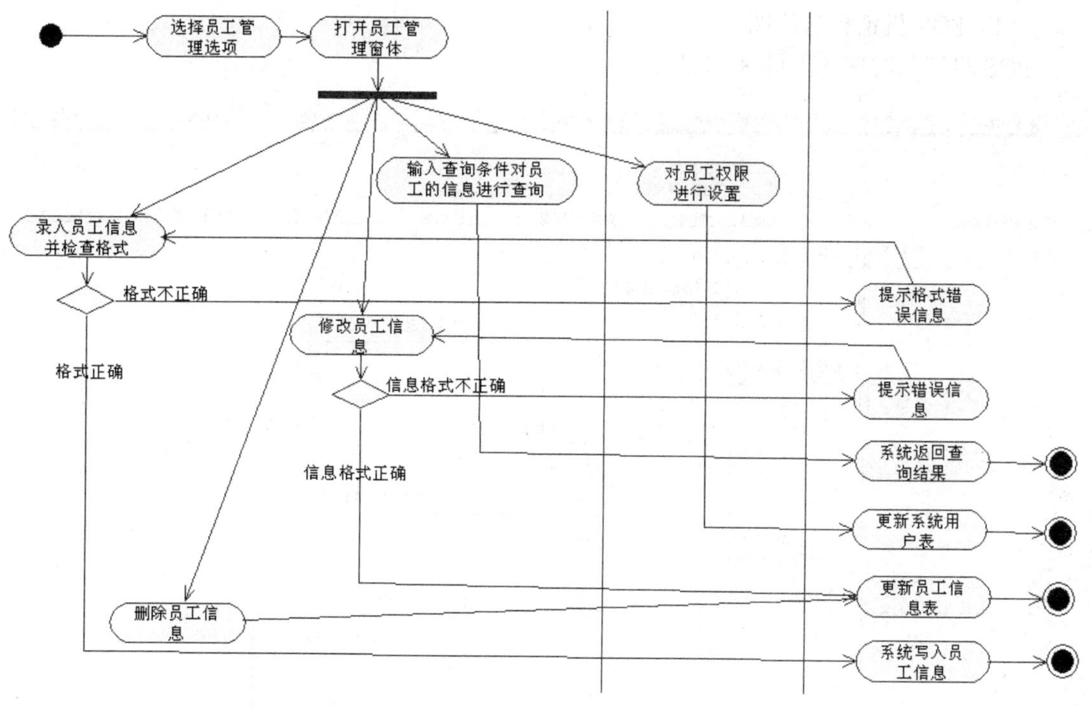

图 8.12　员工管理活动框图

（8）交易信息查询

交易信息查询活动框图如图 8.13 所示。

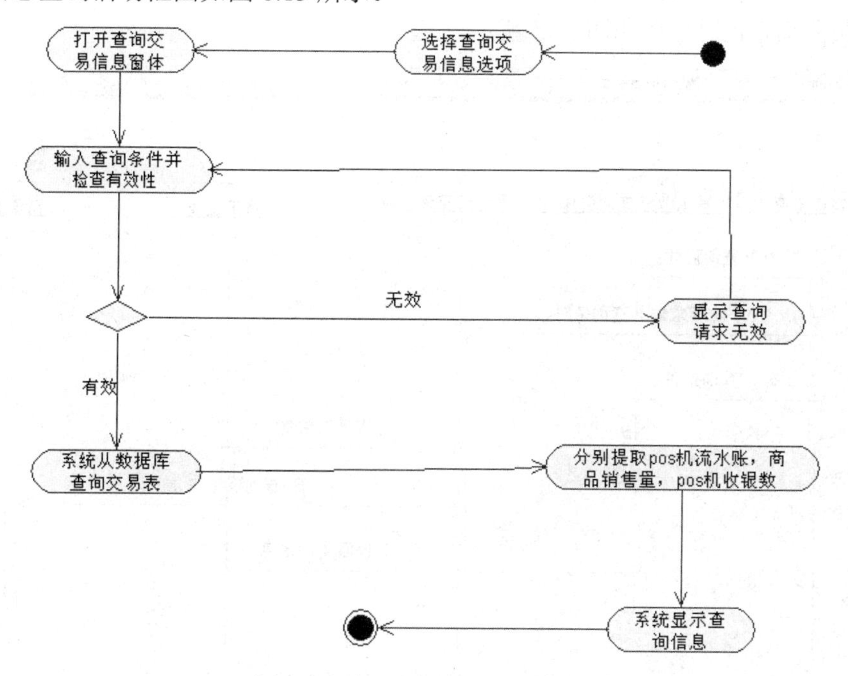

图 8.13　交易信息查询活动框图

8.4.3 时序图

（1）POS 机销售时序图

POS 机销售时序图如图 8.14 所示。

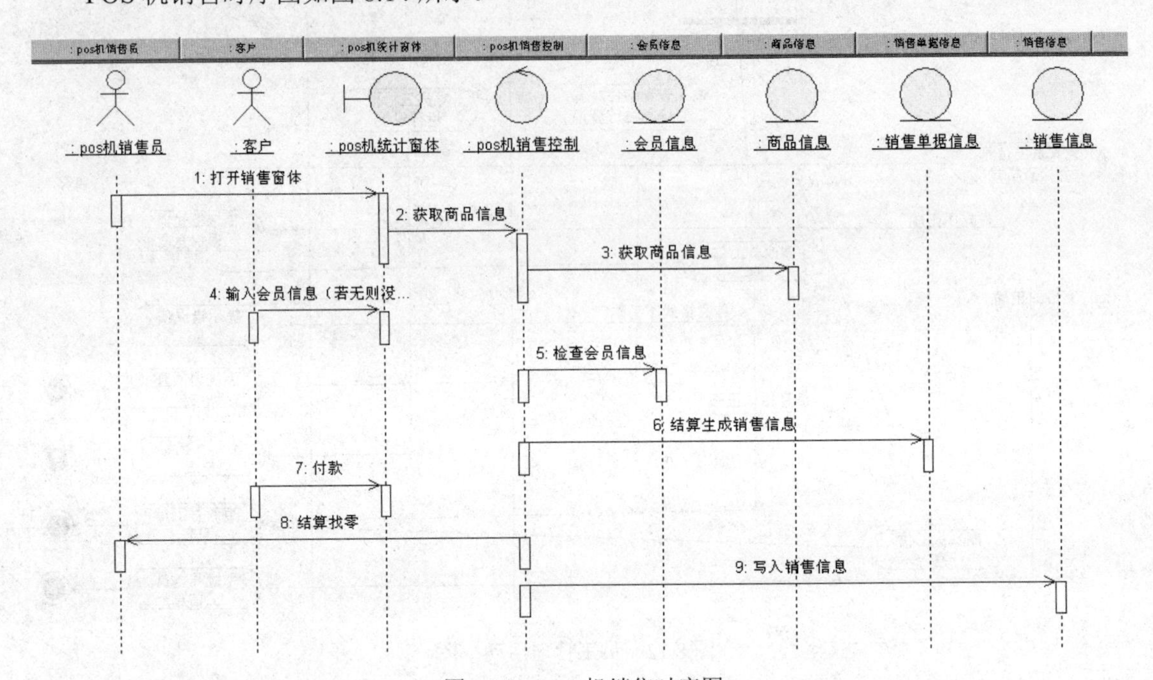

图 8.14　POS 机销售时序图

（2）销售员业绩查询时序图

销售员业绩查询时序图如图 8.15 所示。

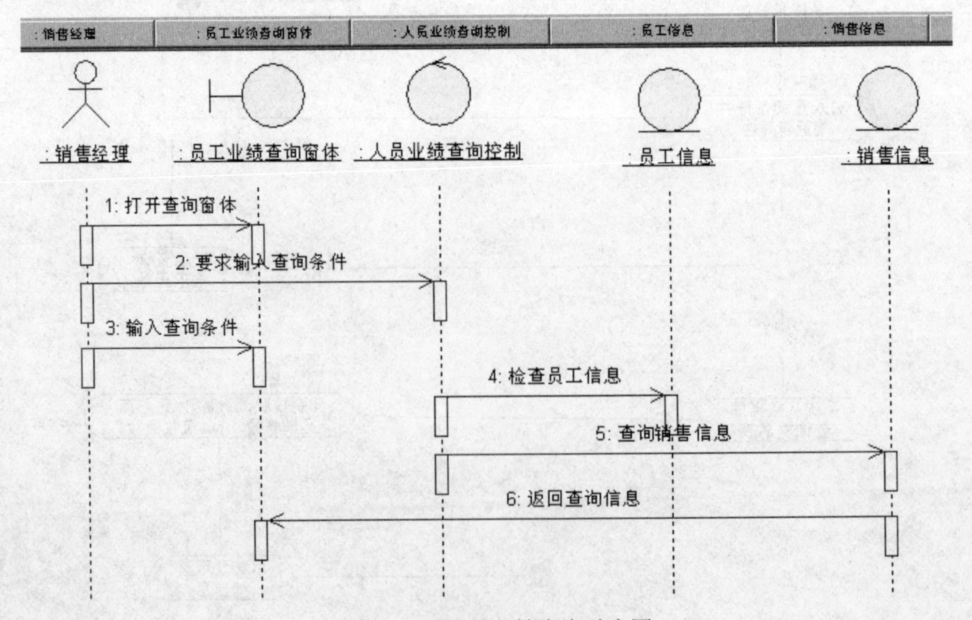

图 8.15　销售员业绩查询时序图

（3）商品销售排行时序图

商品销售排行时序图如图 8.16 所示。

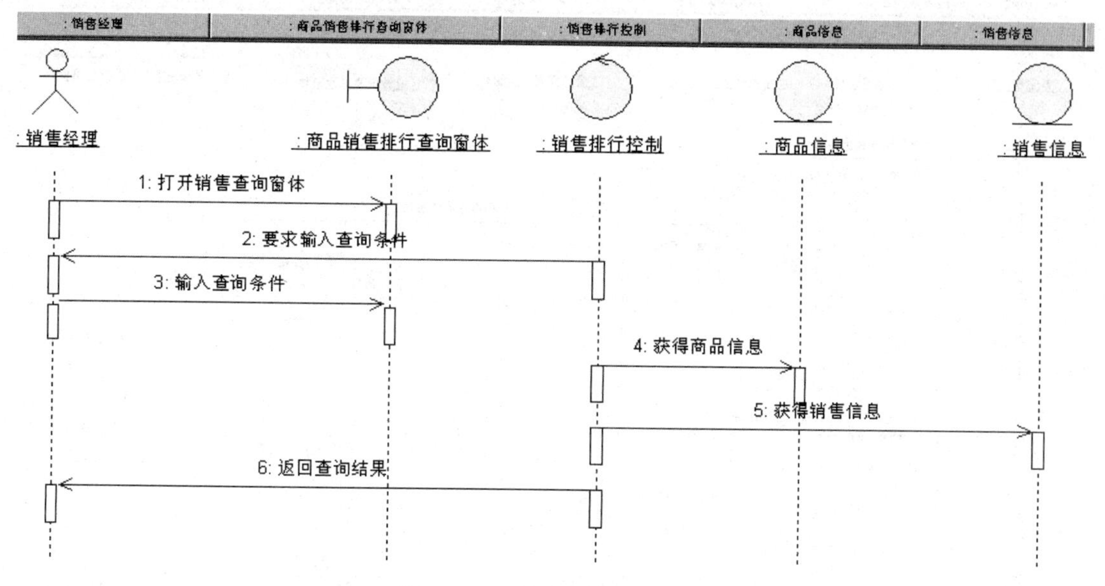

图 8.16　商品销售排行时序图

（4）供货商管理时序图

供货商管理时序图如图 8.17 所示。

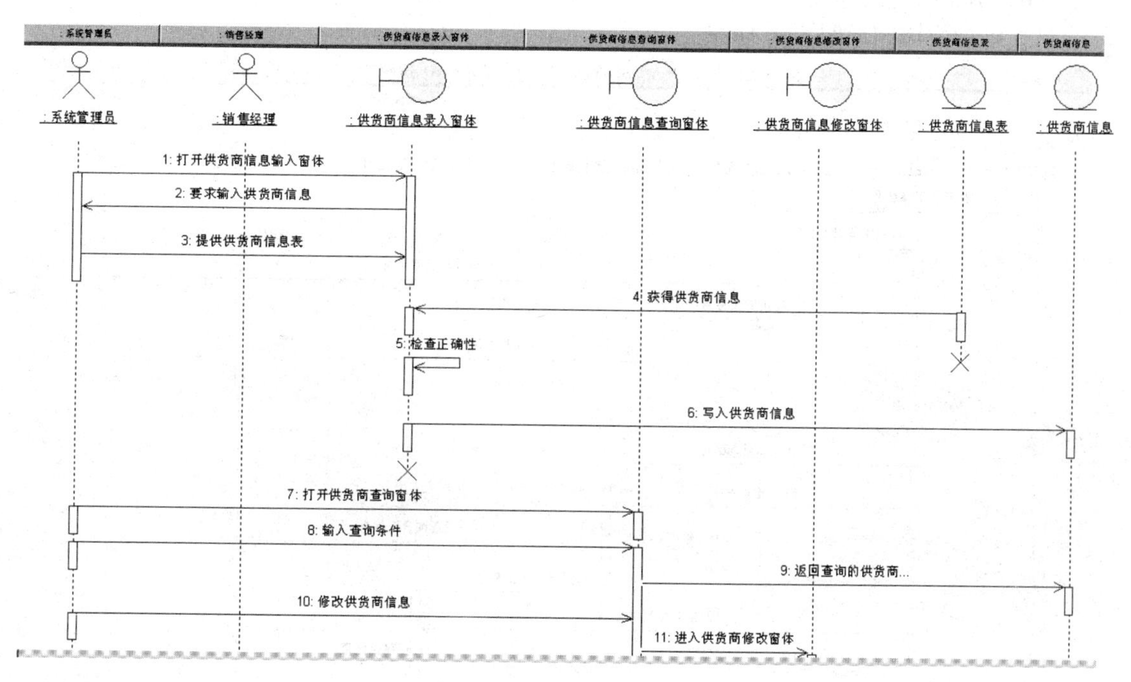

图 8.17　供货商管理时序图

（5）会员管理时序图

会员管理时序图如图 8.18 所示。

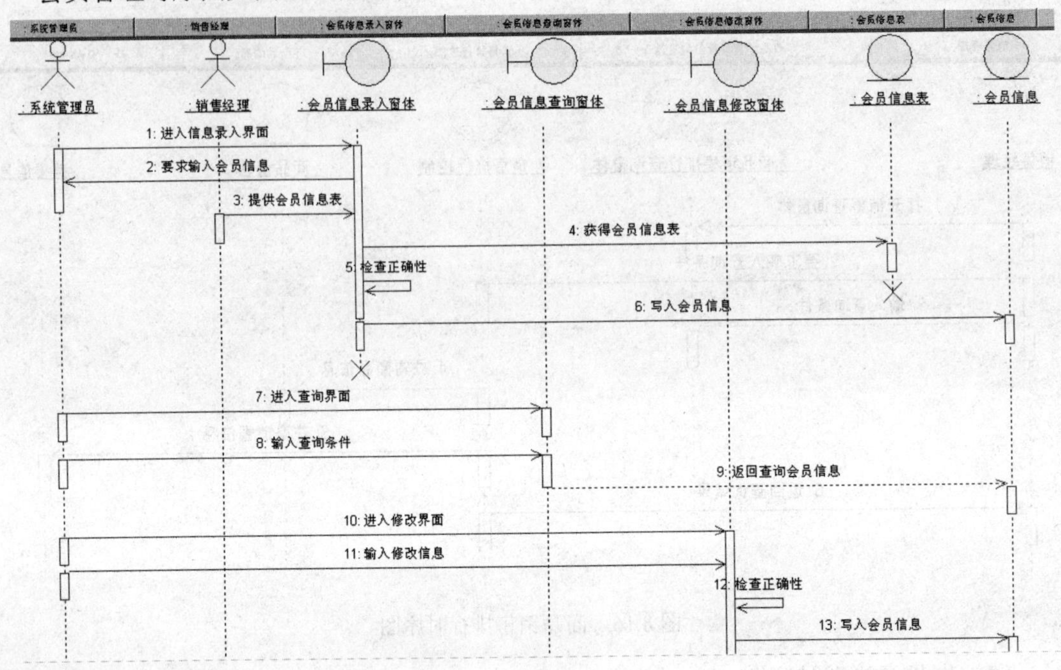

图 8.18　会员管理时序图

（6）员工管理时序图

员工管理时序图如图 8.19 所示。

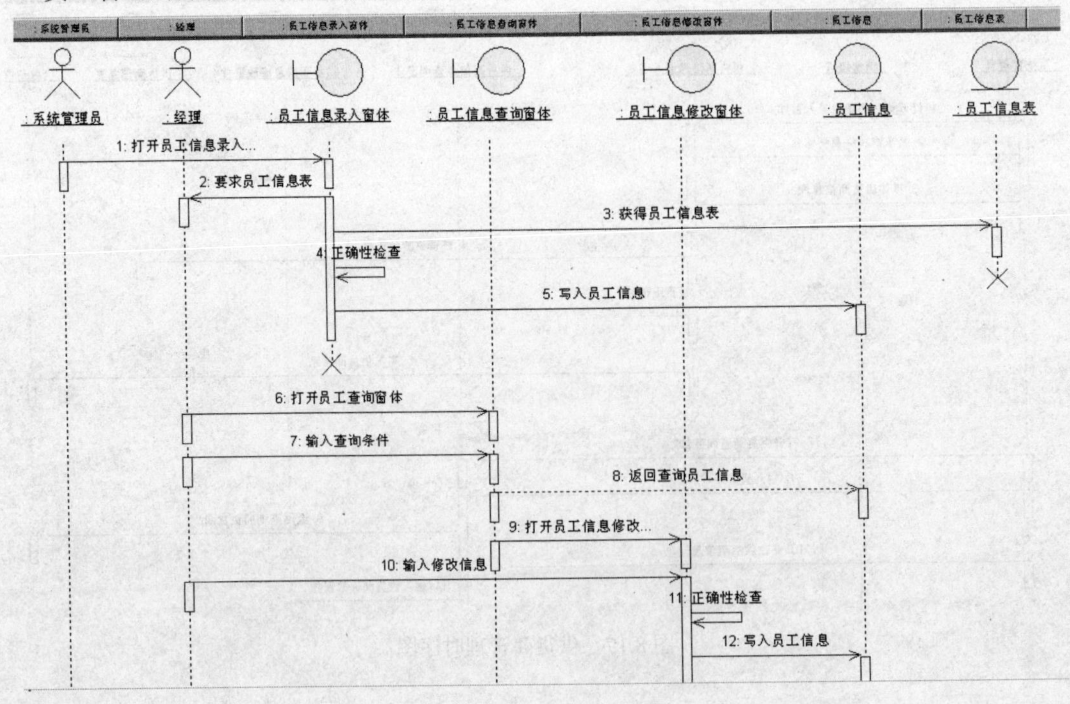

图 8.19　员工管理时序图

8.4.4　类分析

（1）POS 机销售用例实现

POS 机销售用例图如图 8.20 所示。

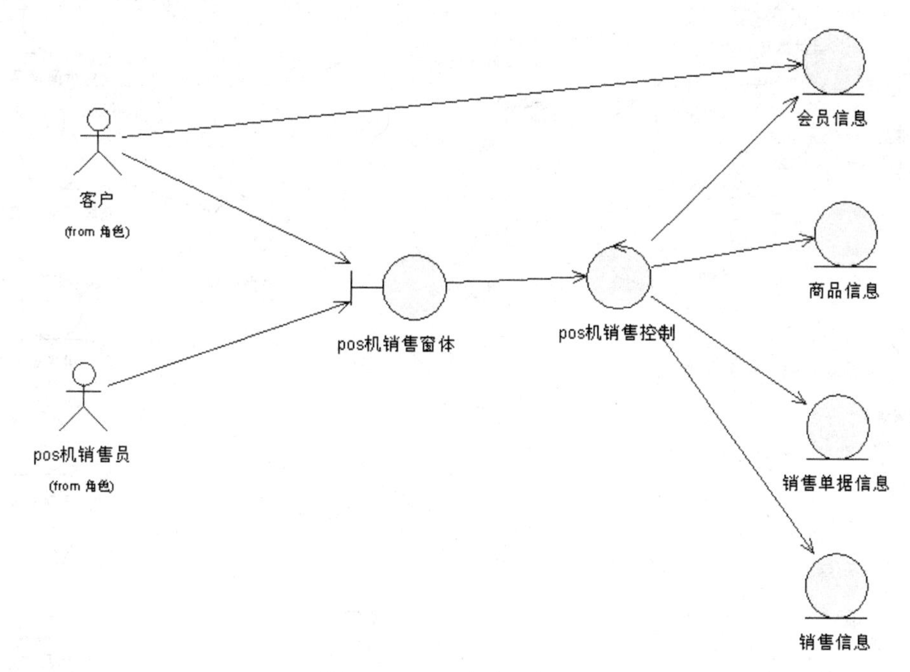

图 8.20　POS 机销售用例图

（2）报损用例实现

报损用例图如图 8.21 所示。

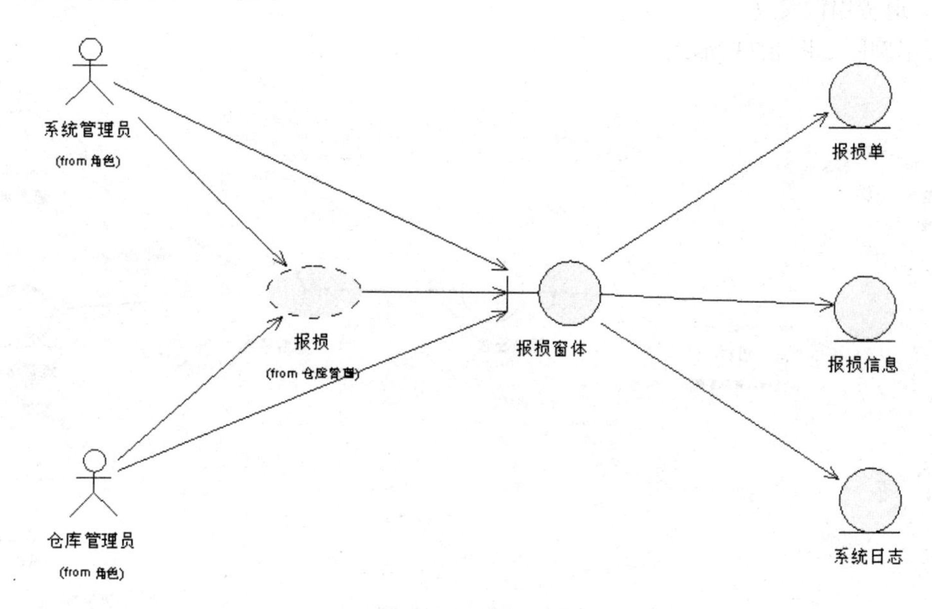

图 8.21　报损用例图

（3）进货用例实现

进货用例图如图 8.22 所示。

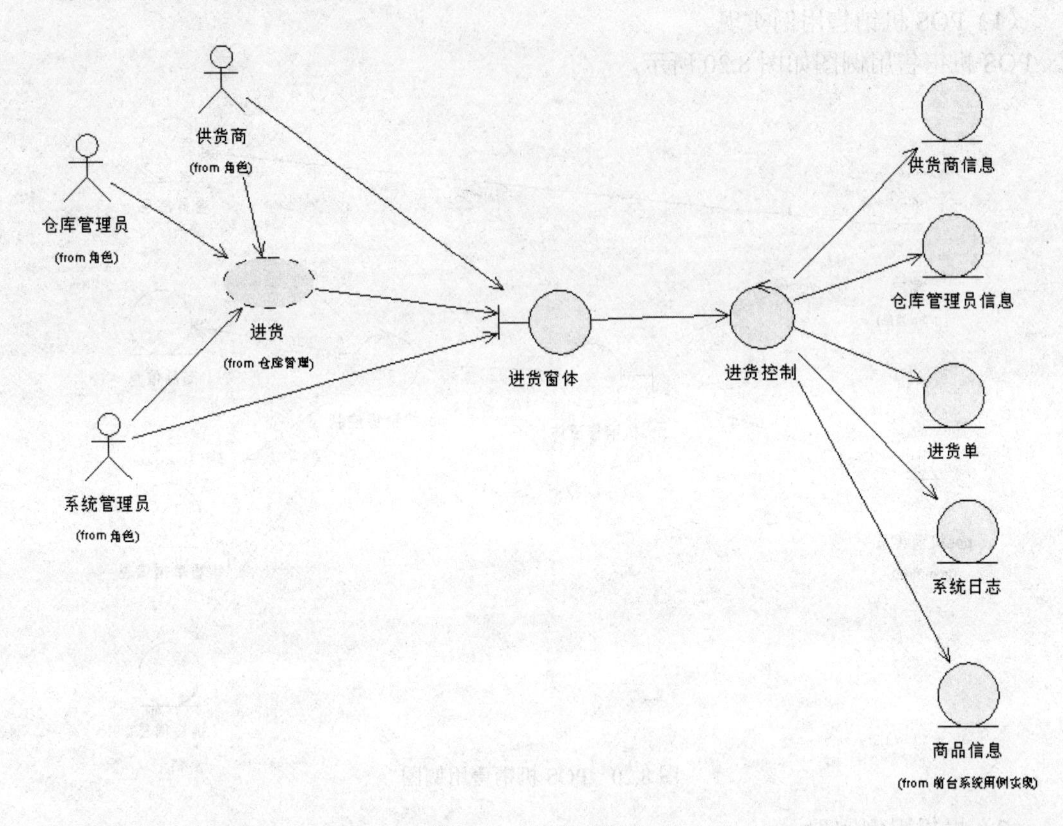

图 8.22　进货用例图

（4）退货用例实现

退货用例图如图 8.23 所示。

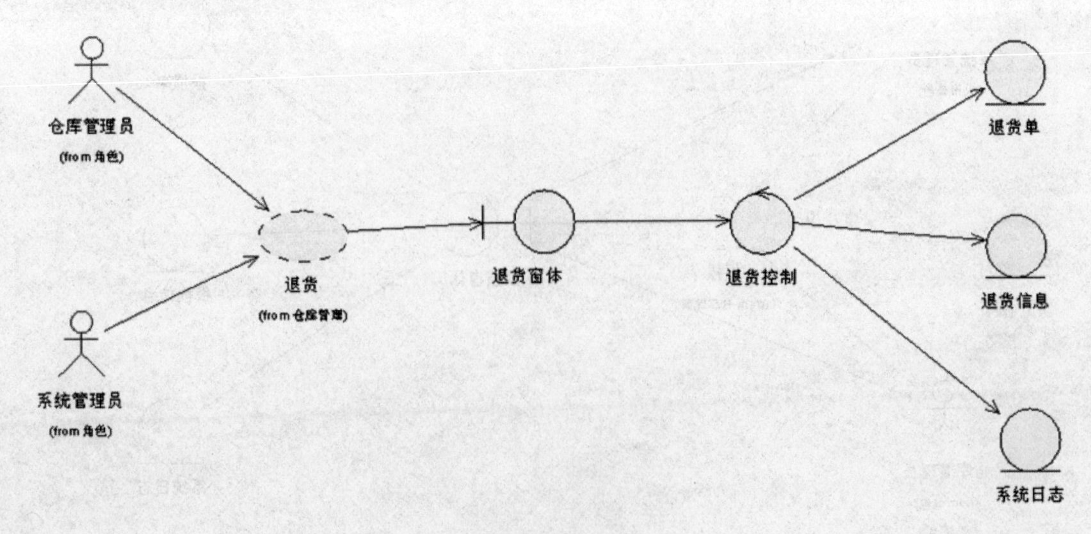

图 8.23　退货用例图

（5）供货商管理用例实现

供货商管理用例图如图 8.24 所示。

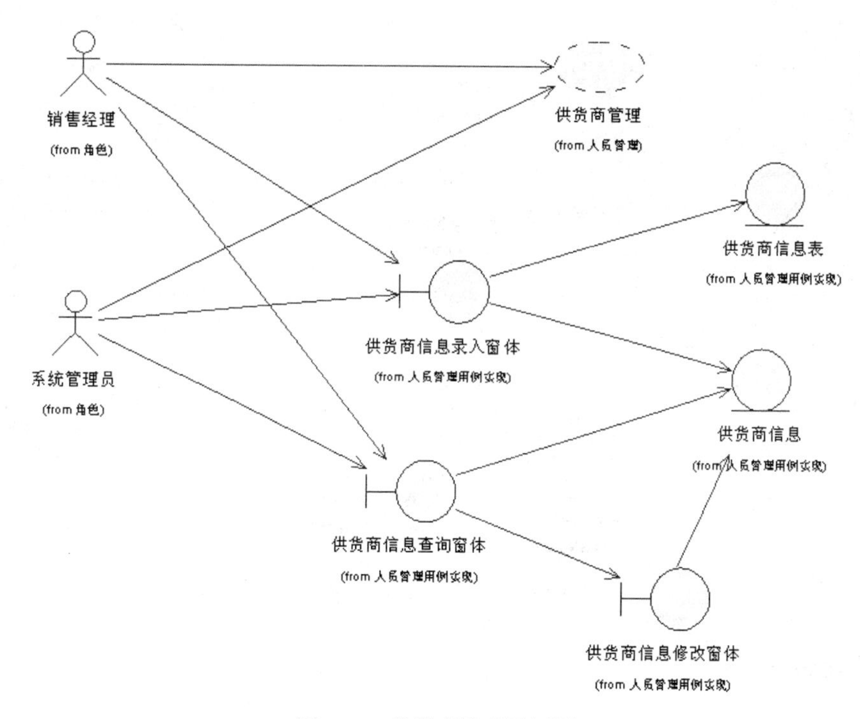

图 8.24　供货商管理用例图

（6）会员管理用例实现

会员管理用例图如图 8.25 所示。

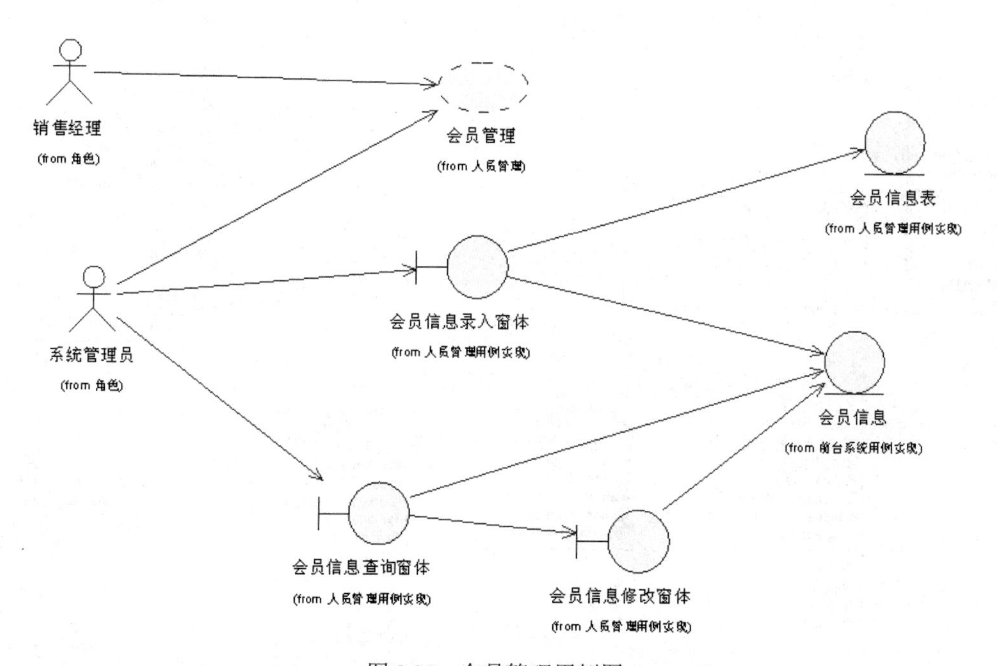

图 8.25　会员管理用例图

（7）员工管理用例实现

员工管理用例图如图 8.26 所示。

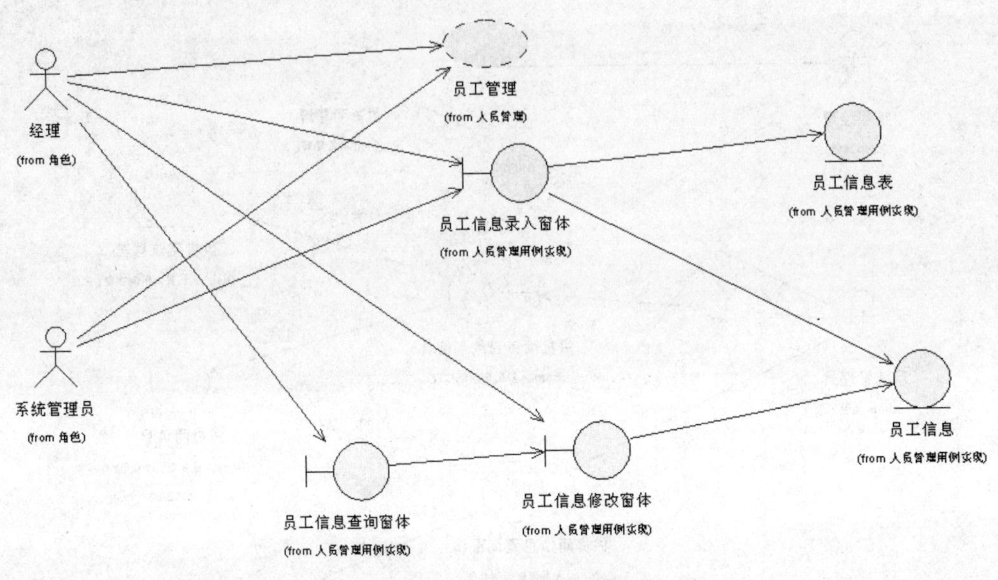

图 8.26　员工管理用例图

8.4.5　类设计

（1）仓库管理类关系图

仓库管理类关系图如图 8.27 所示。

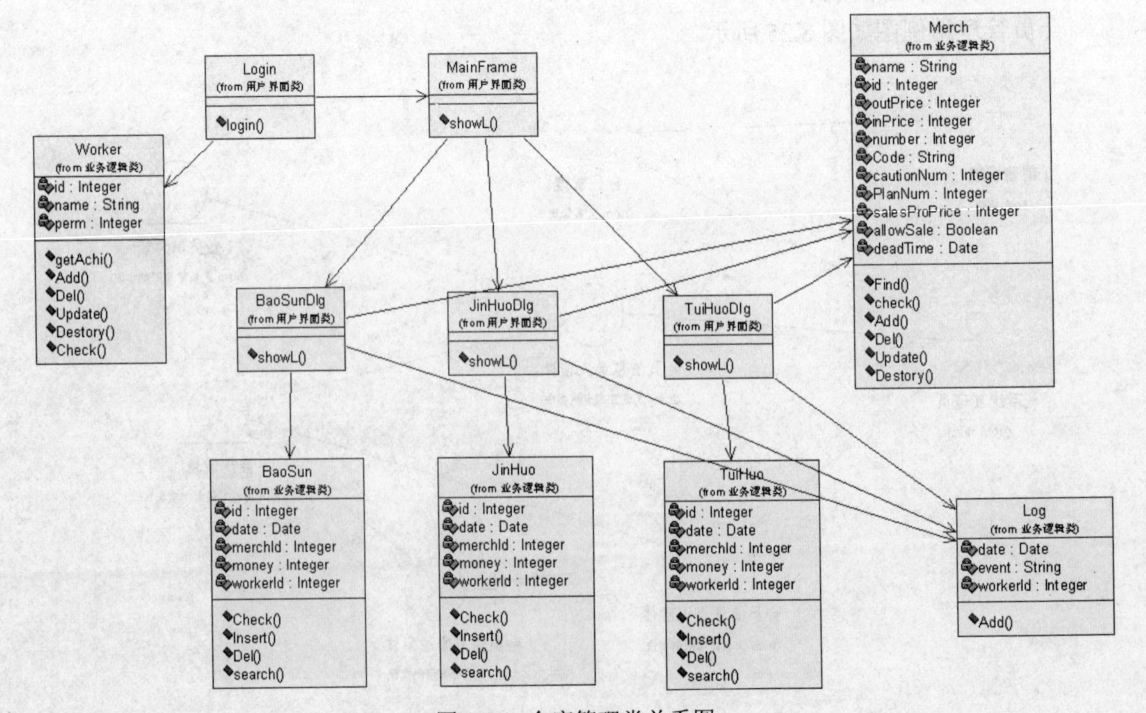

图 8.27　仓库管理类关系图

（2）前台 POS 机销售类关系图

前台 POS 机销售类关系图如图 8.28 所示。

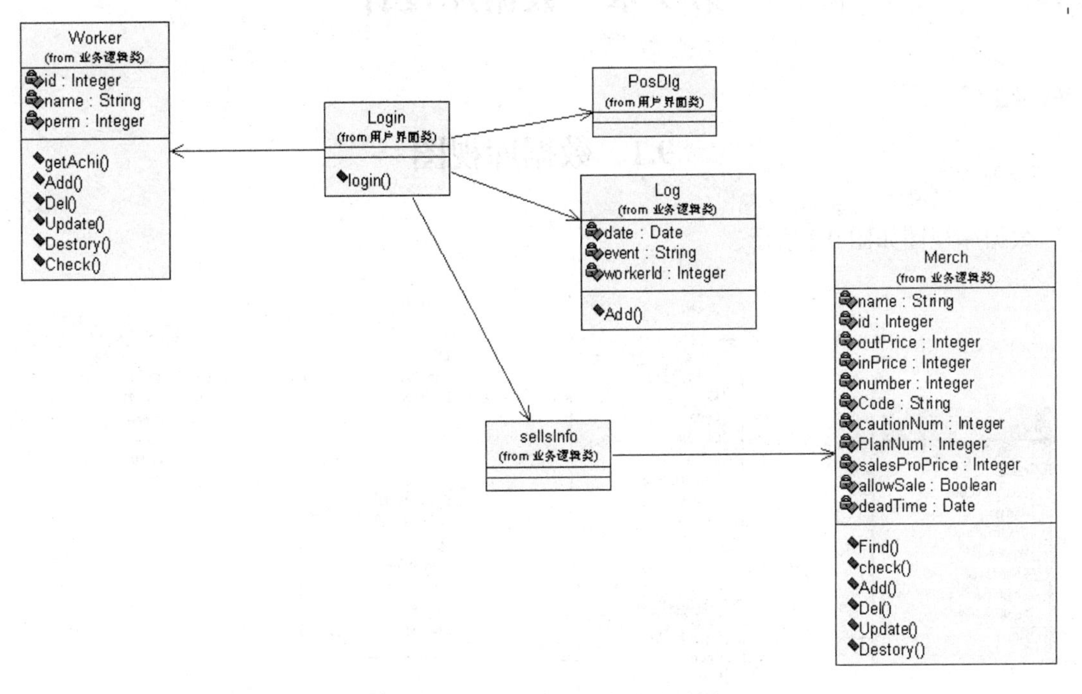

图 8.28　前台 POS 机销售类关系图

8.4.6　库存管理信息系统部署图

库存管理信息系统部署图如图 8.29 所示。

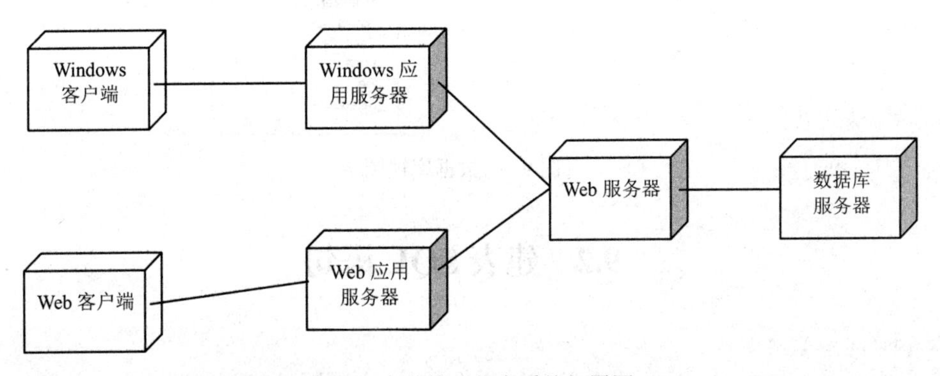

图 8.29　库存管理信息系统部署图

第 9 章　数据库设计

9.1　数据库视图

数据库视图如图 9.1 所示。

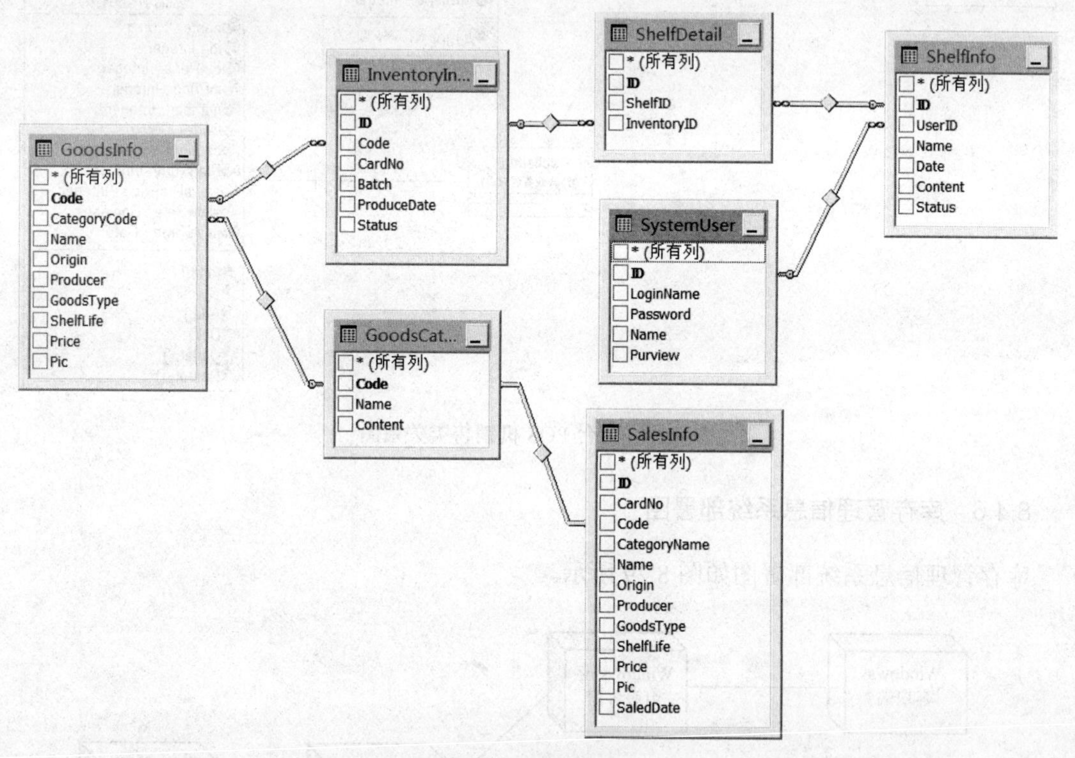

图 9.1　数据库视图

9.2　建表 SQL 语句

```
if exists (select 1
    from sys.sysreferences r join sys.sysobjects o on (o.id = r.constid and o.type = 'F')
    where r.fkeyid = object_id('GoodsInfo') and o.name = 'FK_GOODSINF_REFERENCE_GOODSCAT')
alter table GoodsInfo
    drop constraint FK_GOODSINF_REFERENCE_GOODSCAT
go

if exists (select 1
    from sys.sysreferences r join sys.sysobjects o on (o.id = r.constid and o.type = 'F')
```

```
    where r.fkeyid = object_id('InventoryInfo') and o.name = 'FK_INVENTOR_REFERENCE_GOODSINF')
alter table InventoryInfo
    drop constraint FK_INVENTOR_REFERENCE_GOODSINF
go

if exists (select 1
    from sys.sysreferences r join sys.sysobjects o on (o.id = r.constid and o.type = 'F')
    where r.fkeyid = object_id('ShelfDetail') and o.name = 'FK_SHELFDET_REFERENCE_SHELFINF')
alter table ShelfDetail
    drop constraint FK_SHELFDET_REFERENCE_SHELFINF
go

if exists (select 1
    from sys.sysreferences r join sys.sysobjects o on (o.id = r.constid and o.type = 'F')
    where r.fkeyid = object_id('ShelfDetail') and o.name = 'FK_SHELFDET_REFERENCE_INVENTOR')
alter table ShelfDetail
    drop constraint FK_SHELFDET_REFERENCE_INVENTOR
go

if exists (select 1
    from sys.sysreferences r join sys.sysobjects o on (o.id = r.constid and o.type = 'F')
    where r.fkeyid = object_id('ShelfInfo') and o.name = 'FK_SHELFINF_REFERENCE_SYSTEMUS')
alter table ShelfInfo
    drop constraint FK_SHELFINF_REFERENCE_SYSTEMUS
go

if exists (select 1
            from   sysobjects
           where   id = object_id('GoodsCategory')
            and    type = 'U')
    drop table GoodsCategory
go

if exists (select 1
            from   sysobjects
           where   id = object_id('GoodsInfo')
            and    type = 'U')
    drop table GoodsInfo
go

if exists (select 1
            from   sysobjects
           where   id = object_id('InventoryInfo')
            and    type = 'U')
    drop table InventoryInfo
go

if exists (select 1
```

```
                from    sysobjects
               where    id = object_id('SalesInfo')
                and     type = 'U')
    drop table SalesInfo
go

if exists (select 1
                from    sysobjects
               where    id = object_id('ShelfDetail')
                and     type = 'U')
    drop table ShelfDetail
go

if exists (select 1
                from    sysobjects
               where    id = object_id('ShelfInfo')
                and     type = 'U')
    drop table ShelfInfo
go

if exists (select 1
                from    sysobjects
               where    id = object_id('SystemUser')
                and     type = 'U')
    drop table SystemUser
go

/*==============================================================*/
/* Table: GoodsCategory                                         */
/*==============================================================*/
create table GoodsCategory (
    Code                nvarchar(50)          not null,
    Name                nvarchar(100)         not null,
    Content             nvarchar(200)         null,
    constraint PK_GOODSCATEGORY primary key (Code)
)
go

/*==============================================================*/
/* Table: GoodsInfo                                             */
/*==============================================================*/
create table GoodsInfo (
    Code                nvarchar(50)          not null,
    CategoryCode        nvarchar(50)          null,
    Name                nvarchar(100)         not null,
    Origin              nvarchar(100)         null,
```

```
    Producer                 nvarchar(100)        null,
    GoodsType                nvarchar(50)         null,
    ShelfLife                int                  null,
    Price                    decimal              not null,
    Pic                      image                null,
    constraint PK_GOODSINFO primary key (Code)
)
go

/*==============================================================*/
/* Table: InventoryInfo                                         */
/*==============================================================*/
create table InventoryInfo (
    ID                       int                  identity,
    Code                     nvarchar(50)         null,
    CardNo                   nvarchar(100)        not null,
    Batch                    nvarchar(50)         not null,
    ProduceDate              datetime             not null,
    Status                   nvarchar(10)         null,
    constraint PK_INVENTORYINFO primary key (ID)
)
go

/*==============================================================*/
/* Table: SalesInfo                                             */
/*==============================================================*/
create table SalesInfo (
    ID                       int                  identity,
    CardNo                   nvarchar(20)         null,
    Code                     nvarchar(50)         null,
    CategoryName             nvarchar(50)         null,
    Name                     nvarchar(100)        null,
    Origin                   nvarchar(100)        null,
    Producer                 nvarchar(100)        null,
    GoodsType                nvarchar(50)         null,
    ShelfLife                int                  null,
    Price                    decimal              null,
    Pic                      nvarchar(500)        null,
    SaledDate                datetime             null,
    constraint PK_SALESINFO primary key (ID)
)
go

/*==============================================================*/
/* Table: ShelfDetail                                           */
/*==============================================================*/
```

```
create table ShelfDetail (
    ID                    int                identity,
    ShelfID               int                null,
    InventoryID           int                null,
    constraint PK_SHELFDETAIL primary key (ID)
)
go

/*==============================================================*/
/* Table: ShelfInfo                                             */
/*==============================================================*/
create table ShelfInfo (
    ID                    int                not null,
    UserID                int                null,
    Name                  nvarchar(50)       not null,
    Date                  datetime           null,
    Content               nvarchar(200)      null,
    Status                nvarchar(10)       null,
    constraint PK_SHELFINFO primary key (ID)
)
go

/*==============================================================*/
/* Table: SystemUser                                            */
/*==============================================================*/
create table SystemUser (
    ID                    int                identity,
    LoginName             nvarchar(20)       not null,
    Password              nvarchar(50)       not null,
    Name                  nvarchar(20)       not null,
    Purview               nvarchar(50)       not null,
    constraint PK_SYSTEMUSER primary key (ID)
)
go

alter table GoodsInfo
    add constraint FK_GOODSINF_REFERENCE_GOODSCAT foreign key (CategoryCode)
        references GoodsCategory (Code)
go

alter table InventoryInfo
    add constraint FK_INVENTOR_REFERENCE_GOODSINF foreign key (Code)
        references GoodsInfo (Code)
go

alter table ShelfDetail
```

```
    add constraint FK_SHELFDET_REFERENCE_SHELFINF foreign key (ShelfID)
        references ShelfInfo (ID)
go

alter table ShelfDetail
    add constraint FK_SHELFDET_REFERENCE_INVENTOR foreign key (InventoryID)
        references InventoryInfo (ID)
go

alter table ShelfInfo
    add constraint FK_SHELFINF_REFERENCE_SYSTEMUS foreign key (UserID)
        references SystemUser (ID)
go
```

第 10 章　主窗体及登录模块

10.1　主窗体设计

10.1.1　主窗体界面设计

主窗体如图 10.1 所示。

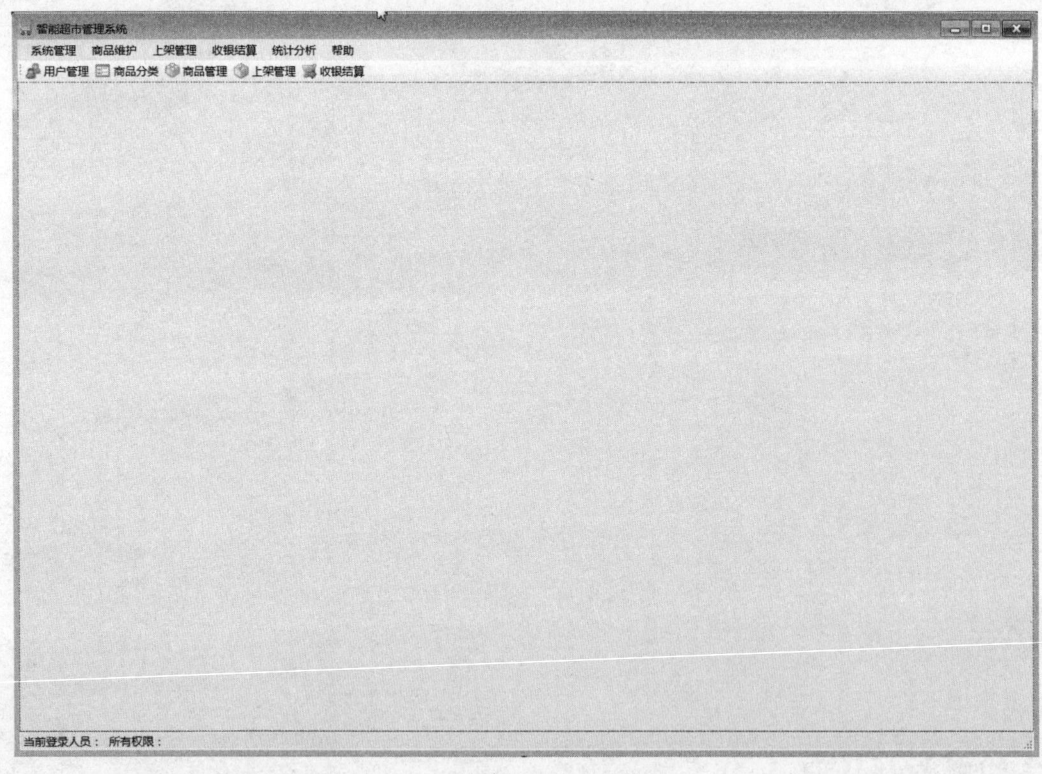

图 10.1　主窗体

10.1.2　主窗体代码设计

```
public frmMain()
{
    InitializeComponent();
    GetPurview();
    SetStatusStrip();
    frmPicIn fpi = new frmPicIn();
    fpi.StartPosition = FormStartPosition.Manual;
```

```
        Screen[] screens = Screen.AllScreens;
        if (screens.Length == 2)
        {
            List<Screen> screenList = new List<Screen>();
            foreach (Screen screen in Screen.AllScreens)
            {
                if (screen.Primary == false)
                {
                    screenList.Add(screen);
                }
            }
            fpi.Location = screenList[0].WorkingArea.Location;
        }
        fpi.Show();
    }

    /// <summary>
    /// 获取权限
    /// </summary>
    private void GetPurview()
    {
        //菜单
        this.msSystemManage.Visible = false;
        this.msUserManage.Visible = false;
        this.msModifyPassword.Visible = false;
        this.msResetSystem.Visible = false;
        this.msGoodsMaintenance.Visible = false;
        this.msGoodsCategory.Visible = false;
        this.msGoods.Visible = false;
        this.msAddedManage.Visible = false;
        this.msAdded.Visible = false;
        this.msCheckOutManage.Visible = false;
        this.msCheckOut.Visible = false;
        this.msStatistics.Visible = false;
        this.msInventory.Visible = false;
        this.msSales.Visible = false;

        //工具
        this.tsUserManage.Visible = false;
        this.tsGoodsCategory.Visible = false;
        this.tsGoods.Visible = false;
        this.tsAdded.Visible = false;
        this.tsCheckOut.Visible = false;

        //超级管理员
        if (Program.su.LoginName == "admin")
```

```
{
    this.msSystemManage.Visible = true;
    this.msUserManage.Visible = true;
    this.msResetSystem.Visible = true;
    this.msHelp.Visible = true;
    this.msAbout.Visible = true;

    this.tsUserManage.Visible = true;
}
//其他
else
{
    string[] purview = Program.su.Purview.Split(',');
    bool isAdded = false;
    for (int i = 0; i < purview.Length; i++)
    {
        //产品维护
        if (purview[i] == "1")
        {
            this.msSystemManage.Visible = true;
            this.msModifyPassword.Visible = true;
            this.msGoodsMaintenance.Visible = true;
            this.msGoodsCategory.Visible = true;
            this.msGoods.Visible = true;
            this.msHelp.Visible = true;
            this.msAbout.Visible = true;

            this.tsGoodsCategory.Visible = true;
            this.tsGoods.Visible = true;
        }
        //上架管理
        if (purview[i] == "2")
        {
            this.msSystemManage.Visible = true;
            this.msModifyPassword.Visible = true;
            this.msAddedManage.Visible = true;
            this.msAdded.Visible = true;
            this.msHelp.Visible = true;
            this.msAbout.Visible = true;

            this.tsAdded.Visible = true;

            AddedManage.ucAddedManage ucam = new ISM.AddedManage.ucAddedManage();
            this.panel1.Controls.Clear();
            this.panel1.Controls.Add(ucam);
            ucam.Dock = DockStyle.Fill;
```

```
                    isAdded = true;
                }
                //结算管理
                if (purview[i] == "3")
                {
                    this.msSystemManage.Visible = true;
                    this.msModifyPassword.Visible = true;
                    this.msCheckOutManage.Visible = true;
                    this.msCheckOut.Visible = true;
                    this.msHelp.Visible = true;
                    this.msAbout.Visible = true;

                    this.tsCheckOut.Visible = true;
                    if (!isAdded)
                    {
                        CheckOut.ucCheckOut ucco = new ISM.CheckOut.ucCheckOut(false);
                        this.panel1.Controls.Clear();
                        this.panel1.Controls.Add(ucco);
                        ucco.Dock = DockStyle.Fill;
                    }
                }
                //统计分析
                if (purview[i] == "4")
                {
                    this.msSystemManage.Visible = true;
                    this.msModifyPassword.Visible = true;
                    this.msStatistics.Visible = true;
                    this.msInventory.Visible = true;
                    this.msSales.Visible = true;
                    this.msHelp.Visible = true;
                    this.msAbout.Visible = true;
                }
            }
        }
        private void SetStatusStrip()
        {
            this.toolStripStatusLabel1.Text += Program.su.Name + "
            string purview = "";
            List<string> purviews = Program.su.ShowPurviewName();
            for (int i = 0; i < purviews.Count; i++)
            {
                purview += purviews[i] + ",";
            }
            purview = purview.Substring(0, purview.Length - 1);
            this.toolStripStatusLabel2.Text += purview;
        }
        private void 用户管理 ToolStripMenuItem_Click(object sender, EventArgs e)
        {
```

```
        SystemManage.frmUserManage fum = new ISM.SystemManage.frmUserManage();
                fum.ShowDialog();
}
private void 修改密码ToolStripMenuItem_Click(object sender, EventArgs e)
{
        SystemManage.frmModifyPassword fmp = new ISM.SystemManage.frmModifyPassword();
                fmp.ShowDialog();
}
private void 商品分类管理ToolStripMenuItem_Click(object sender, EventArgs e)
{
        GoodsMaintenance.frmCategoryManagement fcm = new ISM.GoodsMaintenance.
                frmCategoryManagement();
        fcm.ShowDialog();
}
private void 商品管理ToolStripMenuItem_Click(object sender, EventArgs e)
{
        GoodsMaintenance.frmGoodsManage fgm = new ISM.GoodsMaintenance.frmGoodsManage();
        fgm.ShowDialog();
}
private void 上架管理ToolStripMenuItem1_Click(object sender, EventArgs e)
{
        AddedManage.ucAddedManage ucam = new ISM.AddedManage.ucAddedManage();
        this.panel1.Controls.Clear();
        this.panel1.Controls.Add(ucam);
        ucam.Dock = DockStyle.Fill;
}
private void 结算管理ToolStripMenuItem_Click(object sender, EventArgs e)
{
        CheckOut.ucCheckOut ucco = new ISM.CheckOut.ucCheckOut(false);
        this.panel1.Controls.Clear();
        this.panel1.Controls.Add(ucco);
        ucco.Dock = DockStyle.Fill;
}
private void 库存统计ToolStripMenuItem_Click(object sender, EventArgs e)
{
        Statistics.frmInventory fi = new ISM.Statistics.frmInventory();
        fi.ShowDialog();
}
private void 日销售统计ToolStripMenuItem_Click(object sender, EventArgs e)
{
        Statistics.frmSale fs = new ISM.Statistics.frmSale();
        fs.ShowDialog();
}
private void tsUserManage_Click(object sender, EventArgs e)
{
        SystemManage.frmUserManage fum = new ISM.SystemManage.frmUserManage();
        fum.ShowDialog();
}
private void tsGoodsCategory_Click(object sender, EventArgs e)
```

```
{
    GoodsMaintenance.frmCategoryManagement fcm = new ISM.GoodsMaintenance.
            frmCategoryManagement();
    fcm.ShowDialog();
}
private void tsGoods_Click(object sender, EventArgs e)
{
    GoodsMaintenance.frmGoodsManage fgm = new ISM.GoodsMaintenance.frmGoodsManage();
    fgm.ShowDialog();
}
private void tsAdded_Click(object sender, EventArgs e)
{
    AddedManage.ucAddedManage ucam = new ISM.AddedManage.ucAddedManage();
    this.panel1.Controls.Clear();
    this.panel1.Controls.Add(ucam);
    ucam.Dock = DockStyle.Fill;
}
private void tsCheckOut_Click(object sender, EventArgs e)
{
    CheckOut.ucCheckOut ucco = new ISM.CheckOut.ucCheckOut(false);
    this.panel1.Controls.Clear();
    this.panel1.Controls.Add(ucco);
    ucco.Dock = DockStyle.Fill;
}
private void 注销ToolStripMenuItem_Click(object sender, EventArgs e)
{
    frmLogin login = new frmLogin();
    if (login.ShowDialog() == DialogResult.OK)
    {
        GetPurview();
    }
}
```

10.2　主窗体设计

10.2.1　登录窗体界面设计

登录窗体如图 10.2 所示。

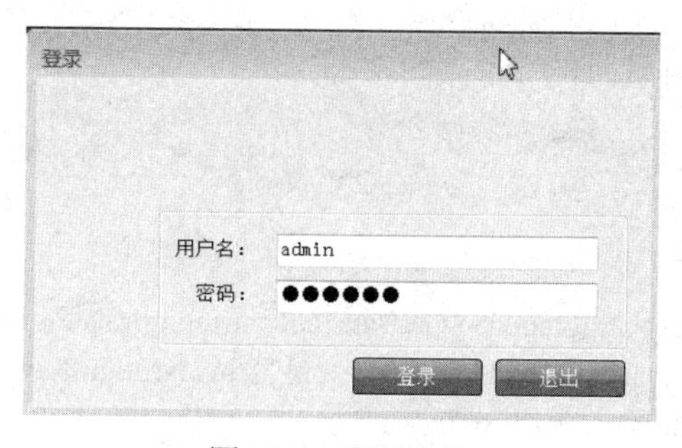

图 10.2　登录窗体

10.2.2 登录窗体代码设计

```
private bool CheckInput()
{
    Tools.MD5 md5 = new ISM.Tools.MD5();

    if (this.txtLoginName.Text == "")
    {
        MessageBox.Show("用户名不能为空！");
        this.txtLoginName.Focus();
        return false;
    }
    if (this.txtPassword.Text == "")
    {
        MessageBox.Show("密码不能为空！");
        this.txtPassword.SelectAll();
        return false;
    }
    else
    {
        if (this.txtLoginName.Text.ToLower() == "admin")
        {
            if (this.txtPassword.Text == "123456")
            {
                ObjClass.SystemUser su = new ISM.ObjClass.SystemUser();
                su.LoginName = "admin";
                su.Password = "123456";
                su.Name = "超级管理员";
                su.Purview = "用户管理";

                Program.su = su;
                return true;
            }
            else
            {
                MessageBox.Show("密码错误！");
                this.txtPassword.SelectAll();
                return false;
            }
        }
        else
        {
            DataTable dtb = Program.dbo.GetDataTable(string.Format("select * from SystemUser where
                LoginName='{0}' and Password='{1}'", this.txtLoginName.Text, md5.SetMD5
                (this.txtPassword.Text)));
            if (dtb.Rows.Count > 0)
```

```
            {
                Program.su = new ISM.ObjClass.SystemUser(
                    Convert.ToInt32(dtb.Rows[0]["ID"].ToString()));
                return true;
            }
            else
            {
                DataTable dtbLoginName = Program.dbo.GetDataTable(
                        string.Format("select * from SystemUser
                        where LoginName='{0}'",
                    this.txtLoginName.Text));
                if (dtbLoginName.Rows.Count > 0)
                {
                    MessageBox.Show("密码错误！");
                    this.txtPassword.SelectAll();
                    return false;
                }
                else
                {
                    MessageBox.Show("用户名错误，请核对！");
                    this.txtLoginName.SelectAll();
                    return false;
                }
            }
        }
    }
}
private void btnOk_Click(object sender, EventArgs e)
{
    if (CheckInput())
    {
        this.DialogResult = DialogResult.OK;
        this.Close();
    }
}
private void btnCancel_Click(object sender, EventArgs e)
{
    Environment.Exit(0);
}
```

第 11 章　系统管理模块

11.1　添加用户窗体设计

11.1.1　添加用户窗体界面设计

添加用户窗体如图 11.1 所示。

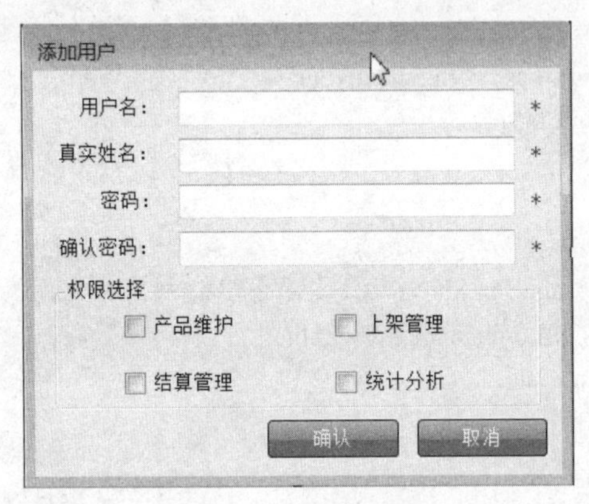

图 11.1　添加用户窗体

11.1.2　添加用户窗体代码设计

```
private int flag;
private Tools.MD5 md5 = new ISM.Tools.MD5();
private ObjClass.SystemUser user;
public frmAddAndModifyUser(int flag, ObjClass.SystemUser user)
{
    InitializeComponent();
    this.user = user;
    this.flag = flag;

    if (this.flag == 1)
    {
        this.Text = "添加用户";
    }
    if (this.flag == 2)
    {
        this.Text = "编辑用户";
        //编辑用户时，窗体界面编辑框的显示
        this.txtLoginName.ReadOnly = true;
```

```
            this.txtLoginName.Text = this.user.LoginName;
            this.txtPassword.ReadOnly = true;
            this.txtPassword.Text = this.user.Password;
            this.txtCheckPassword.ReadOnly = true;
            this.txtCheckPassword.Text = this.user.Password;
            this.txtRealName.Text = this.user.Name;

            string[] purview = this.user.Purview.Split(',');
            for (int i = 0; i < purview.Length; i++)
            {
                if (purview[i] == "1")
                {
                    this.cbGoodsMaintenance.Checked = true;
                }
                if (purview[i] == "2")
                {
                    this.cbAdded.Checked = true;
                }
                if (purview[i] == "3")
                {
                    this.cbCheckOut.Checked = true;
                }
                if (purview[i] == "4")
                {
                    this.cbStatistics.Checked = true;
                }
            }
        }
    }
    private bool CheckInput()
    {
        //添加时需要的校验
        if (this.flag == 1)
        {
            if (this.txtLoginName.Text == "")
            {
                MessageBox.Show("用户名不能为空！");
                this.txtLoginName.Focus();
                return false;
            }
            if (this.txtLoginName.Text != "")
            {
                DataTable dtb = Program.dbo.GetDataTable(string.Format(
                    "select * from SystemUser where LoginName='{0}'",
                    this.txtLoginName.Text));
                if (dtb.Rows.Count > 0)
```

```
                {
                    MessageBox.Show("用户名已存在！");
                    this.txtLoginName.SelectAll();
                    return false;
                }
            }
            if (this.txtRealName.Text == "")
            {
                MessageBox.Show("姓名不能为空！");
                this.txtRealName.Focus();
                return false;
            }
            if (this.txtPassword.Text == "")
            {
                MessageBox.Show("密码不能为空！");
                this.txtPassword.Focus();
                return false;
            }
            if (this.txtCheckPassword.Text == "")
            {
                MessageBox.Show("确认密码不能为空！");
                this.txtCheckPassword.Focus();
                return false;
            }
            if (this.txtPassword.Text != this.txtCheckPassword.Text)
            {
                MessageBox.Show("确认密码错误，请重新输入！");
                this.txtCheckPassword.SelectAll();
                return false;
            }
            if ((!this.cbGoodsMaintenance.Checked) && (!this.cbAdded.Checked) &&
                    (!this.cbCheckOut.Checked) && (!this.cbStatistics.Checked))
            {
                MessageBox.Show("请选择权限！");
                return false;
            }
            else
            {
                return true;
            }
        }
        /编辑时需要的校验
        else
        {
            if (this.txtRealName.Text == "")
            {
                MessageBox.Show("姓名不能为空！");
                this.txtRealName.Focus();
```

```
                return false;
            }
            if ((!this.cbGoodsMaintenance.Checked) && (!this.cbAdded.Checked) &&
                        (!this.cbCheckOut.Checked) && (!this.cbStatistics.Checked))
            {
                MessageBox.Show("请选择权限！");
                return false;
            }
            else
            {
                return true;
            }
        }
    }
    private string GetPurview()
    {
        string purview = "";

        if (this.cbGoodsMaintenance.Checked)
        {
            purview += "1" + ",";
        }
        if (this.cbAdded.Checked)
        {
            purview += "2" + ",";
        }
        if (this.cbCheckOut.Checked)
        {
            purview += "3" + ",";
        }
        if (this.cbStatistics.Checked)
        {
            purview += "4" + ",";
        }

        purview = purview.Substring(0, purview.Length - 1);

        return purview;
    }
    private void btnOk_Click(object sender, EventArgs e)
    {
        //添加
        if (flag == 1)
        {
            if (CheckInput())
            {
                this.user.LoginName = this.txtLoginName.Text;
                this.user.Password = md5.SetMD5(this.txtPassword.Text);
```

```
                this.user.Name = this.txtRealName.Text;
                this.user.Purview = GetPurview();

                this.user.AddUser();

                this.Close();
            }
        }
        //编辑
        if (flag == 2)
        {
            if (CheckInput())
            {
                this.user.Name = this.txtRealName.Text;
                this.user.Purview = GetPurview();

                this.user.ModifyUser();
                this.Close();
            }
        }
    }
```

11.2　用户管理窗体设计

11.2.1　用户管理窗体界面设计

用户管理窗体如图 11.2 所示。

图 11.2　用户管理窗体

11.2.2　用户管理窗体代码设计

```
private void BindListView()
{
        this.listView1.Items.Clear();
        this.listView1.Columns.Clear();
        string[] columns = new string[] { "登录名,130", "姓名,110", "权限,200" };
        for (int i = 0; i < columns.Length; i++)
        {
            ColumnHeader header = new ColumnHeader();
            string headerText = columns[i].Split(',')[0];
            int headerWidth = Convert.ToInt32(columns[i].Split(',')[1]);

            header.Text = headerText;
            header.Width = headerWidth;
            this.listView1.Columns.Add(header);
        }
        DataTable dtbUser = Program.dbo.GetDataTable(string.Format("
            select * from SystemUser"));
        for (int i = 0; i < dtbUser.Rows.Count; i++)
        {
            ObjClass.SystemUser user = new ISM.ObjClass.SystemUser
                (Convert.ToInt32(dtbUser.Rows[i]["ID"].ToString()));

            string[] itemText = new string[] { user.LoginName, user.Name,
                ShowPurview(user.ShowPurviewName()) };
            ListViewItem item = new ListViewItem(itemText);
            item.Tag = user;
            this.listView1.Items.Add(item);
        }
}
private string ShowPurview(List<string> purviewNameList)
{
    string purviewShow = "";

    for (int i = 0; i < purviewNameList.Count; i++)
    {
        purviewShow += purviewNameList[i] + "，";
    }

    purviewShow = purviewShow.Substring(0, purviewShow.Length - 1);

    return purviewShow;
}
private bool CheckDelete()
{
```

```
        return true;
    }
    private void listView1_SelectedIndexChanged(object sender, EventArgs e)
    {
        if (this.listView1.SelectedItems.Count > 0)
        {
            this.tsbtnModify.Enabled = true;
            this.tsbtnDelete.Enabled = true;
            this.tsbtnResetPassword.Enabled = true;
        }
        else
        {
            this.tsbtnModify.Enabled = false;
            this.tsbtnDelete.Enabled = false;
            this.tsbtnResetPassword.Enabled = false;
        }
    }
    private void listView1_MouseDoubleClick(object sender, MouseEventArgs e)
    {
        if (this.listView1.SelectedItems.Count > 0)
        {
            frmAddAndModifyUser faamu = new frmAddAndModifyUser(2, this.listView1.SelectedItems[0].
                    Tag as ObjClass.SystemUser);
            faamu.ShowDialog();

            BindListView();
        }
    }
    private void tsbtnAdd_Click(object sender, EventArgs e)
    {
        frmAddAndModifyUser faamu = new frmAddAndModifyUser(1, new ObjClass.SystemUser());
        faamu.ShowDialog();

        BindListView();
        this.tsbtnModify.Enabled = false;
        this.tsbtnDelete.Enabled = false;
        this.tsbtnResetPassword.Enabled = false;
    }
    private void tsbtnModify_Click(object sender, EventArgs e)
    {
        frmAddAndModifyUser faamu = new frmAddAndModifyUser(2, this.listView1.SelectedItems[0].
                Tag as ObjClass.SystemUser);
        faamu.ShowDialog();

        BindListView();
```

```
        this.tsbtnModify.Enabled = false;
        this.tsbtnDelete.Enabled = false;
        this.tsbtnResetPassword.Enabled = false;
}
private void tsbtnDelete_Click(object sender, EventArgs e)
{
        if (CheckDelete())
        {
                DataTable dtb = Program.dbo.GetDataTable(string.Format("select ID from ShelfInfo
                                where UserID='{0}'", (this.listView1.SelectedItems[0].
                                Tag as ObjClass.SystemUser).ID));
                if (dtb.Rows.Count > 0)
                {
                        MessageBox.Show("上架信息中有该用户信息，请先删除上架信息后，再删除该用户！");
                        this.tsbtnModify.Enabled = false;
                        this.tsbtnDelete.Enabled = false;
                        this.tsbtnResetPassword.Enabled = false;
                        return;
                }
                else
                {
                        Program.dbo.ExecuteSQL(string.Format("delete from SystemUser where ID='{0}'",
                                        (this.listView1.SelectedItems[0].Tag as ObjClass.SystemUser).ID));
                        this.tsbtnModify.Enabled = false;
                        this.tsbtnDelete.Enabled = false;
                        this.tsbtnResetPassword.Enabled = false;
                        BindListView();
                }
        }
}
private void tsbtnResetPassword_Click(object sender, EventArgs e)
{
        frmResetPassword frp = new frmResetPassword(this.listView1.SelectedItems[0].Tag as ObjClass.SystemUser);
        frp.ShowDialog();

        this.tsbtnModify.Enabled = false;
        this.tsbtnDelete.Enabled = false;
        this.tsbtnResetPassword.Enabled = false;
}
private void tsbtnExit_Click(object sender, EventArgs e)
{
        this.Close();
}
```

11.3 修改密码窗体设计

11.3.1 修改密码窗体界面设计

修改密码窗体如图 11.3 所示。

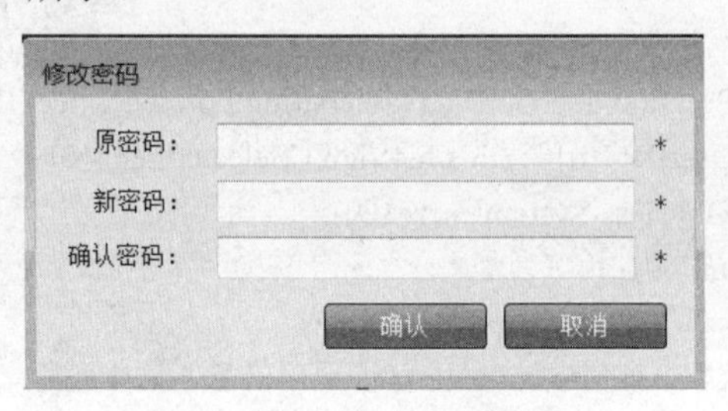

图 11.3 修改密码窗体

11.3.2 修改密码窗体代码设计

```
private Tools.MD5 md5 = new ISM.Tools.MD5();
/// <summary>
/// 构造函数
/// </summary>
public frmModifyPassword()
{
    InitializeComponent();
}
/// <summary>
/// 用户输入密码校验
/// </summary>
/// <returns>输入正确返回 true；输入错误返回 false</returns>
private bool CheckInput()
{
    if (this.txtPassword.Text == "")
    {
        MessageBox.Show("原密码不能为空！");
        this.txtPassword.Focus();
        return false;
    }
    if (md5.SetMD5(this.txtPassword.Text) != Program.su.Password)
    {
        MessageBox.Show("原密码错误！");
        this.txtPassword.SelectAll();
        return false;
    }
    if (this.txtNewPassword.Text == "")
    {
```

```
                MessageBox.Show("新密码不能为空！");
                this.txtNewPassword.Focus();
                return false;
            }
            if (this.txtCheckNewPassword.Text == "")
            {
                MessageBox.Show("确认密码不能为空！");
                this.txtCheckNewPassword.Focus();
                return false;
            }
            if (this.txtNewPassword.Text != this.txtCheckNewPassword.Text)
            {
                MessageBox.Show("确认密码不正确！");
                this.txtCheckNewPassword.SelectAll();
                return false;
            }
            else
            {
                return true;
            }
        }
        /// <summary>
        /// 确定按钮事件
        /// </summary>
        /// <param name="sender"></param>
        /// <param name="e"></param>
        private void btnOk_Click(object sender, EventArgs e)
        {
            if (CheckInput())
            {
                Program.su.Password = md5.SetMD5(this.txtNewPassword.Text);

                Program.su.ModifyPassword();

                MessageBox.Show("修改成功！");
                this.Close();
            }
        }
```

第 12 章　商品管理模块

12.1　商品管理窗体设计

12.1.1　商品管理窗体界面设计

商品管理窗体如图 12.1 所示。

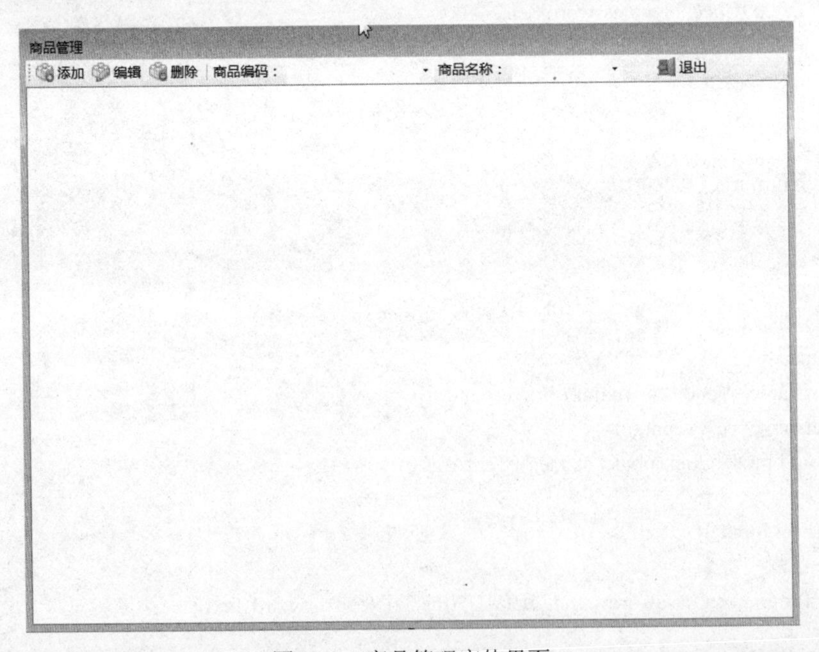

图 12.1　商品管理窗体界面

12.1.2　商品管理窗体代码设计

```
private void BindListView(int flag)
{
    this.listView1.Items.Clear();
    this.listView1.Columns.Clear();
    string[] headerText = new string[] { "所属分类,100", "商品编码,80", "商品名称,100",
        "商品规格,100", "保质期,80", "价格,80" };
    for (int i = 0; i < headerText.Length; i++)
    {
        ColumnHeader header = new ColumnHeader();
        string headerName = headerText[i].Split(',')[0];
        int headerWidth = Convert.ToInt32(headerText[i].Split(',')[1]);
```

```
            header.Text = headerName;
            header.Width = headerWidth;
            this.listView1.Columns.Add(header);
        }
        string sql = "";
        if (flag == 1)
        {
            sql = "select Code from GoodsInfo";
        }
        if (flag == 2)
        {
            sql = string.Format("select Code from GoodsInfo where Code='{0}'",
                this.cboCode.ComboBox.Text);
        }
        if (flag == 3)
        {
            sql = string.Format("select Code from GoodsInfo where Name='{0}'",
                this.cboName.ComboBox.Text);
        }
        DataTable dtb = Program.dbo.GetDataTable(string.Format(sql));
        for (int i = 0; i < dtb.Rows.Count; i++)
        {
            ObjClass.Goods goods = new ISM.ObjClass.Goods(dtb.Rows[i]["Code"].ToString());
            ListViewItem item = new ListViewItem(new string[] { goods.CategoryName,
                goods.Code, goods.GoodsName, goods.GoodsType, goods.ShelfLife.ToString()
                + "个月", "￥：" + goods.Price.ToString() });
            item.Tag = goods;

            this.listView1.Items.Add(item);
        }
    }
    private void BindComboBoxCode()
    {
        DataTable dtb = Program.dbo.GetDataTable(string.Format("select Code,
            Code as Name from GoodsInfo"));
        DataRow row = dtb.NewRow();
        row["Code"] = "0";
        row["Name"] = "全部";
        dtb.Rows.InsertAt(row, 0);
        this.cboCode.ComboBox.DataSource = dtb;
        this.cboCode.ComboBox.DisplayMember = "Name";
        this.cboCode.ComboBox.ValueMember = "Code";
    }
    private void BindComboBoxName()
    {
        DataTable dtb = Program.dbo.GetDataTable(string.Format("select Name as Code,
```

```
            Name from GoodsInfo group by Name"));

        DataRow row = dtb.NewRow();

        row["Code"] = "0";
        row["Name"] = "全部";
        dtb.Rows.InsertAt(row, 0);
        this.cboName.ComboBox.DataSource = dtb;
        this.cboName.ComboBox.DisplayMember = "Name";
        this.cboName.ComboBox.ValueMember = "Name";
    }
    private void listView1_SelectedIndexChanged(object sender, EventArgs e)
    {
        if (this.listView1.SelectedItems.Count > 0)
        {
            this.tsModify.Enabled = true;
            this.tsDelete.Enabled = true;
        }
        else
        {
            this.tsModify.Enabled = false;
            this.tsDelete.Enabled = false;
        }
    }
    private void listView1_DoubleClick(object sender, EventArgs e)
    {
        frmAddAndModifyGoods faamg = new frmAddAndModifyGoods(false,
            this.listView1.SelectedItems[0].Tag as ObjClass.Goods);
        faamg.ShowDialog();
        BindListView(1);
        BindComboBoxCode();
        BindComboBoxName();
        this.tsModify.Enabled = false;
        this.tsDelete.Enabled = false;
    }
    private void cboCode_SelectedIndexChanged(object sender, EventArgs e)
    {
        if (this.cboCode.ComboBox.SelectedIndex == 0)
        {
            BindListView(1);
        }
        else
        {
            BindListView(2);
        }
    }
```

```
private void cboName_SelectedIndexChanged(object sender, EventArgs e)
{
    if (this.cboName.ComboBox.SelectedIndex == 0)
    {
        BindListView(1);
    }
    else
    {
        BindListView(3);
    }
}

/// <summary>
/// 商品编码下拉框显示文字发生改变时发生
/// </summary>
/// <param name="sender"></param>
/// <param name="e"></param>
private void cboCode_TextUpdate(object sender, EventArgs e)
{
    DataTable dtb = Program.dbo.GetDataTable(string.Format("select Code from
        GoodsInfo where Code='{0}'", this.cboCode.Text));
    if (dtb.Rows.Count > 0)
    {
        BindListView(2);
    }
    else
    {
        this.listView1.Items.Clear();
    }
}
private void cboName_TextUpdate(object sender, EventArgs e)
{
    DataTable dtb = Program.dbo.GetDataTable(string.Format("select Name from GoodsInfo
        where Name='{0}'", this.cboName.Text));
    if (dtb.Rows.Count > 0)
    {
        BindListView(3);
    }
    else
    {
        this.listView1.Items.Clear();
    }
}
private void tsAdd_Click(object sender, EventArgs e)
{
    frmAddAndModifyGoods faamg = new frmAddAndModifyGoods(true,
```

```
            new ISM.ObjClass.Goods());
        faamg.ShowDialog();
        BindListView(1);
        BindComboBoxCode();
        BindComboBoxName();

        this.tsModify.Enabled = false;
        this.tsDelete.Enabled = false;
    }
    private void tsModify_Click(object sender, EventArgs e)
    {
        frmAddAndModifyGoods faamg = new frmAddAndModifyGoods(false,
            this.listView1.SelectedItems[0].Tag as ObjClass.Goods);
        faamg.ShowDialog();

        BindListView(1);
        BindComboBoxCode();
        BindComboBoxName();

        this.tsModify.Enabled = false;
        this.tsDelete.Enabled = false;
    }
    private void tsDelete_Click(object sender, EventArgs e)
    {
        DataTable dtb = Program.dbo.GetDataTable(string.Format("select ID from InventoryInfo
            where Code='{0}'", (this.listView1.SelectedItems[0].Tag as ObjClass.Goods).Code));
        if (dtb.Rows.Count > 0)
        {
            MessageBox.Show("上架信息中有该类商品，不可删除！");

            this.tsModify.Enabled = false;
            this.tsDelete.Enabled = false;
            return;
        }
        else
        {
            if (MessageBox.Show("确认删除该商品吗？", "询问", MessageBoxButtons.YesNo,
                MessageBoxIcon.Question) == DialogResult.Yes)
            {
                Program.dbo.ExecuteSQL(string.Format("delete from GoodsInfo where
                    Code='{0}'", (this.listView1.SelectedItems[0].Tag as
                    ObjClass.Goods).Code));
            }
            BindListView(1);
            BindComboBoxCode();
            BindComboBoxName();
```

```
            this.tsModify.Enabled = false;
            this.tsDelete.Enabled = false;
        }
    }
    private void toolStripButton4_Click(object sender, EventArgs e)
    {
        this.Close();
    }
```

12.2 商品分类管理窗体设计

12.2.1 商品分类管理窗体界面设计

商品分类管理窗体如图 12.2 所示。

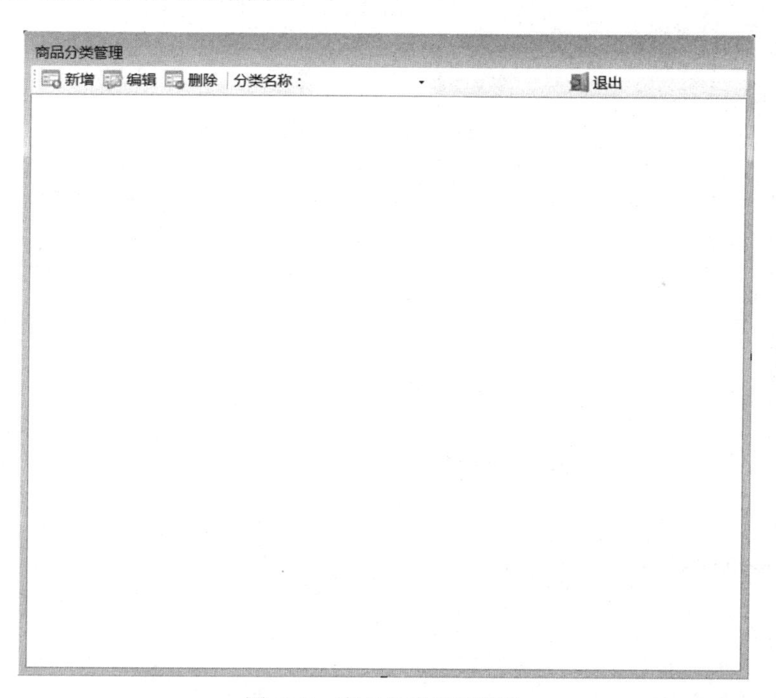

图 12.2 商品分类管理窗体

12.2.2 商品分类管理窗体代码设计

```
private void BindListView(int flag)
{
    this.listView1.Items.Clear();
    this.listView1.Columns.Clear();
    string[] headerText = new string[] { "分类编码,100", "分类名称,150", "分类描述,200" };
    for (int i = 0; i < headerText.Length; i++)
    {
        ColumnHeader header = new ColumnHeader();
```

```
            string headerName = headerText[i].Split(',')[0];
            int headerWidth = Convert.ToInt32(headerText[i].Split(',')[1]);
            header.Text = headerName;
            header.Width = headerWidth;
            this.listView1.Columns.Add(header);
        }
        string sql = "";
        if (flag == 1)
        {
            sql = string.Format("select Code,Name,Content from GoodsCategory");
        }
        if (flag == 2)
        {
            sql = string.Format("select Code,Name,Content from GoodsCategory
                where Name='{0}'", this.cboName.ComboBox.Text);
        }
        DataTable dtb = Program.dbo.GetDataTable(string.Format(sql));
        for (int i = 0; i < dtb.Rows.Count; i++)
        {
            ObjClass.GoodsCategory gc = new ISM.ObjClass.GoodsCategory(
                dtb.Rows[i]["Code"].ToString());
            ListViewItem item = new ListViewItem(new string[] { gc.Code, gc.GoodsName,
                gc.Content });
            item.Tag = gc;
            this.listView1.Items.Add(item);
        }
    }
    private void listView1_SelectedIndexChanged(object sender, EventArgs e)
    {
        if (this.listView1.SelectedItems.Count > 0)
        {
            this.tsbtnModify.Enabled = true;
            this.tsbtnDelete.Enabled = true;
        }
        else
        {
            this.tsbtnModify.Enabled = false;
            this.tsbtnDelete.Enabled = false;
        }
    }
    private void cboName_SelectedIndexChanged(object sender, EventArgs e)
    {
        if (this.cboName.ComboBox.SelectedIndex == 0)
        {
            BindListView(1);
        }
        else
        {
```

```
            BindListView(2);
        }
    }
    private void cboName_TextUpdate(object sender, EventArgs e)
    {
        if (dtb.Rows.Count > 0)
        {
            BindListView(2);
        }
        else
        {
            this.listView1.Items.Clear();
        }
    }
    private void tsbtnAdd_Click(object sender, EventArgs e)
    {
        fcaam.ShowDialog();

        BindListView(1);
        BindComboBoxName();

        this.tsbtnModify.Enabled = false;
        this.tsbtnDelete.Enabled = false;
    }
    private void tsbtnModify_Click(object sender, EventArgs e)
    {
        fcaam.ShowDialog();

        BindListView(1);
        BindComboBoxName();

        this.tsbtnModify.Enabled = false;
        this.tsbtnDelete.Enabled = false;
    }
    private void tsbtnDelete_Click(object sender, EventArgs e)
    {
        if (dtb.Rows.Count > 0)
        {
            this.tsbtnModify.Enabled = false;
            this.tsbtnDelete.Enabled = false;
            return;
        }
        else
        {
            if (MessageBox.Show("确认要删除该分类？", "询问", MessageBoxButtons.YesNo,
                MessageBoxIcon.Question) == DialogResult.Yes)
```

```
            {
                this.listView1.SelectedItems[0].Tag as ObjClass.GoodsCategory).Delete();
                this.tsbtnModify.Enabled = false;
                this.tsbtnDelete.Enabled = false;
                BindListView(1);
                BindComboBoxName();
            }
        }
    }
    private void tsbtnExit_Click(object sender, EventArgs e)
    {
        this.Close();
    }
```

12.3 商品分类管理窗体设计

12.3.1 商品分类管理窗体界面设计

商品分类管理窗体如图 12.3 所示。

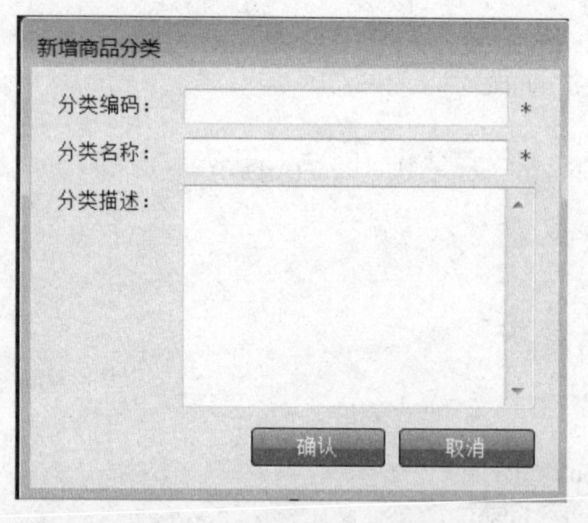

图 12.3　商品分类管理窗体

12.3.2 商品分类管理窗体代码设计

```
/// <summary>
/// 校验用户输入是否正确的方法
/// </summary>
/// <returns>true 为输入正确，false 为输入错误</returns>
private bool CheckInput()
{
    if (this.txtCategoryCode.Text == "")
    {
        MessageBox.Show("商品编码不能为空！");
        this.txtCategoryCode.Focus();
```

```
            return false;
        }
        if (this.txtCategoryName.Text == "")
        {
            MessageBox.Show("商品名称不能为空！");
            this.txtCategoryName.Focus();
            return false;
        }
        if (this.isAdd)
        {
            if (dtbCode.Rows.Count > 0)
            {
                MessageBox.Show("该商品编码已存在，请重新输入！");
                this.txtCategoryCode.SelectAll();
                return false;
            }
        }
        if (dtbName.Rows.Count > 0)
        {
            if (MessageBox.Show("该商品名称已存在，是否确定要保存？", "提示",
                        MessageBoxButtons.YesNo, MessageBoxIcon.Question) ==
                        DialogResult.Yes)
            {
                return true;
            }
            else
            {
                this.txtCategoryName.SelectAll();
                return false;
            }
        }
        else
        {
            return true;
        }
    }
    /// <summary>
    ///  确认按钮事件
    /// </summary>
    /// <param name="sender"></param>
    /// <param name="e"></param>
    private void btnOk_Click(object sender, EventArgs e)
    {
        if (CheckInput())
        {
```

```
            if (this.isAdd)
            {
                this.gc.Code = this.txtCategoryCode.Text;
                this.gc.GoodsName = this.txtCategoryName.Text;
                this.gc.Content = this.txtCategoryContent.Text;
                this.gc.Add();
            }
            else
            {
                string codeOld = this.gc.Code;
                this.gc.Code = this.txtCategoryCode.Text;
                this.gc.GoodsName = this.txtCategoryName.Text;
                this.gc.Content = this.txtCategoryContent.Text;
                this.gc.Moidfy(codeOld);
            }
            this.Close();
        }
    }
```

12.4　商品分类管理窗体设计

12.4.1　商品分类管理窗体界面设计

商品分类管理窗体如图 12.4 所示。

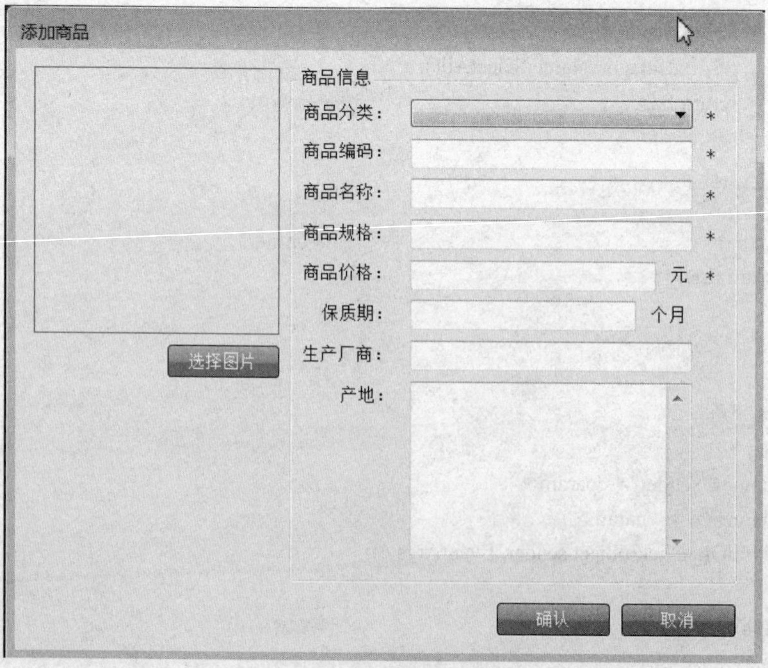

图 12.4　商品分类管理窗体

12.4.2 商品分类管理窗体代码设计

```
private void BindComboBox()
{
    DataRow row = dtb.NewRow();
    row["Code"] = "0";
    row["Name"] = "请选择";
    dtb.Rows.InsertAt(row, 0);
    this.cboCategory.DataSource = dtb;
    this.cboCategory.DisplayMember = "Name";
    this.cboCategory.ValueMember = "Code";
}
private bool CheckInput()
{
    if (this.cboCategory.SelectedIndex == 0)
    {
        MessageBox.Show("请选择商品分类！");
        return false;
    }
    if (this.txtCode.Text == "")
    {
        MessageBox.Show("商品编码不能为空！");
        this.txtCode.Focus();
        return false;
    }
    if (dtbCode.Rows.Count > 0)
    {
        if (this.isAdd)
        {
            MessageBox.Show("商品编码已存在，请核对！");
            this.txtCode.SelectAll();
            return false;
        }
        else
        {
            if (this.txtCode.Text == this.goods.Code)
            {
                return true;
            }
            else
            {
                MessageBox.Show("商品编码已存在，请核对！");
                this.txtCode.SelectAll();
                return false;
            }
        }
```

```
}
if (this.txtName.Text == "")
{
    MessageBox.Show("商品名称不能为空！");
    this.txtName.Focus();
    return false;
}
if (dtbName.Rows.Count > 0)
{
    if (this.isAdd)
    {
        if (MessageBox.Show("该商品名称已存在，确定继续录入？", "提示",
                    MessageBoxButtons.YesNo, MessageBoxIcon.Question) ==
                    DialogResult.Yes)
        {
            return true;
        }
        else
        {
            this.txtName.SelectAll();
            return false;
        }
    }
    else
    {
        if (this.txtName.Text == this.goods.GoodsName)
        {
            return true;
        }
    }
}
if (this.txtSpecification.Text == "")
{
    MessageBox.Show("商品规格不能为空！");
    this.txtSpecification.Focus();
    return false;
}
if (this.txtPrice.Text == "")
{
    MessageBox.Show("商品价格不能为空！");
    this.txtPrice.Focus();
    return false;
}
else
{
    return true;
```

```
    }
}
private void PriceLostFocus(object sender, EventArgs e)
{
    //当该控件中不包含人民币符号时
    if (!this.txtPrice.Text.Contains("￥："))
    {
        this.txtPrice.Text = "￥：" + this.txtPrice.Text;
    }
}

private void txtPrice_KeyPress(object sender, KeyPressEventArgs e)
{
    //当输入不为数字或退格键时
    if (e.KeyChar != '.' && e.KeyChar != 8 && !char.IsDigit(e.KeyChar))
    {
        e.Handled = true;
        MessageBox.Show("请输入数字！");
    }
}
private void txtShelfLife_KeyPress(object sender, KeyPressEventArgs e)
{
    if (e.KeyChar != 8 && !char.IsDigit(e.KeyChar))
    {
        e.Handled = true;
    }
}
private void txtPrice_TextChanged(object sender, EventArgs e)
{
    if (this.txtPrice.Text.Contains("￥："))
    {
        if (this.txtPrice.Text.Length == 2)
        {
            this.txtPrice.Text = "";
        }
    }
}
private void btnPicPath_Click(object sender, EventArgs e)
{
    this.openFileDialog1.CheckFileExists = true;
    this.openFileDialog1.CheckPathExists = true;
    this.openFileDialog1.DefaultExt = "jpg 文件(.jpg)|*.jpg";
    this.openFileDialog1.Multiselect = false;
    this.openFileDialog1.RestoreDirectory = false;
    this.openFileDialog1.Title = "选择商品图片";
```

```
        if (this.openFileDialog1.ShowDialog() == DialogResult.OK)
        {
            this.goods.Pic = new byte[fs.Length];
            fs.Read(this.goods.Pic, 0, (int)fs.Length);

            fs.Close();
            fs.Dispose();

            Image bmp = Image.FromFile(this.openFileDialog1.FileName);
            this.pbGoods.Image = bmp;
        }
    }
    private void btnOk_Click(object sender, EventArgs e)
    {
        if (CheckInput())
        {
            if (this.isAdd)
            {
                this.goods.CategoryCode = this.cboCategory.SelectedValue.ToString();
                this.goods.Code = this.txtCode.Text;
                this.goods.GoodsName = this.txtName.Text;
                this.goods.GoodsType = this.txtSpecification.Text;
                this.goods.ShelfLife = Convert.ToInt32(this.txtShelfLife.Text);
                this.goods.Producer = this.txtProductor.Text;
                this.goods.Origin = this.txtProductionPlace.Text;
                if (this.pbGoods.Image == null)
                {
                    this.goods.Add(false);
                }
                else
                {
                    this.goods.Add(true);
                }
            }
            else
            {
                string oldCode = this.goods.Code;
                this.goods.CategoryCode = this.cboCategory.SelectedValue.ToString();
                this.goods.Code = this.txtCode.Text;
                this.goods.GoodsName = this.txtName.Text;
                this.goods.GoodsType = this.txtSpecification.Text;
                this.goods.ShelfLife = Convert.ToInt32(this.txtShelfLife.Text);
                this.goods.Producer = this.txtProductor.Text;
                this.goods.Origin = this.txtProductionPlace.Text;
                if (this.pbGoods.Image == null)
                {
```

```
                this.goods.Modify(oldCode, false);
            }
            else
            {
                this.goods.Modify(oldCode, true);
            }
        }
        this.Close();
    }
}
```

第 13 章　上架管理模块

13.1　上架管理窗体设计

13.1.1　上架管理窗体界面设计

上架管理窗体如图 13.1 所示。

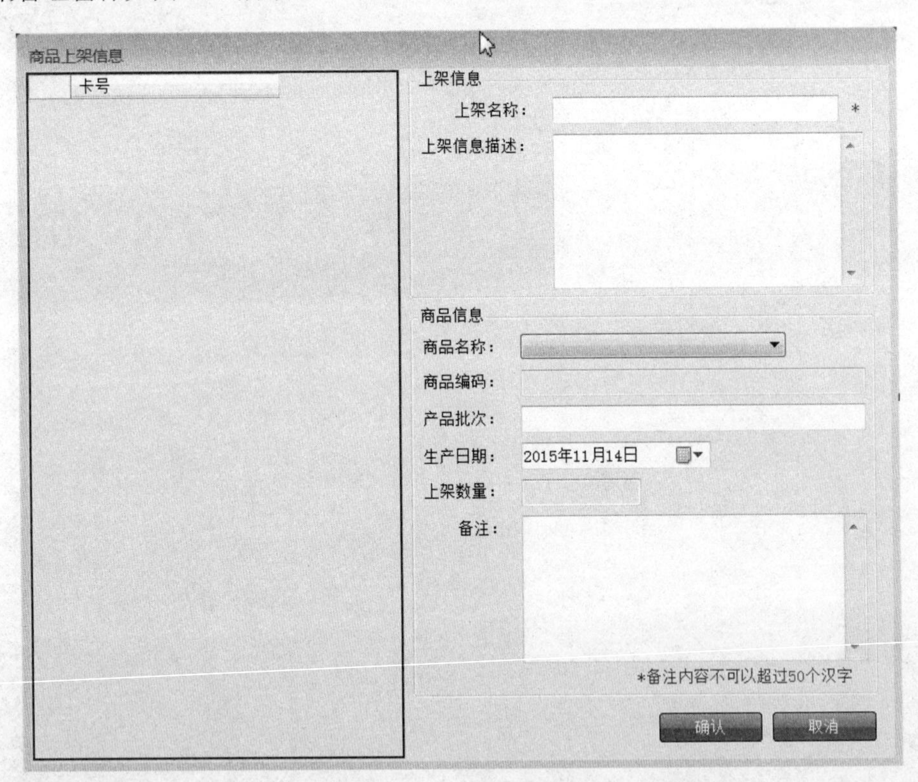

图 13.1　上架管理窗体

13.1.2　上架管理窗体代码设计

```
/// <summary>
/// 读取卡中信息的方法
/// </summary>
/// <returns>卡中信息</returns>
private string ReadCard()
{
    string resultStr = "";
```

```
        return resultStr;
    }

    /// <summary>
    /// 向卡中写入信息的方法
    /// </summary>
    private void WriteCard()
    {
    }

    /// <summary>
    /// 获取卡号方法
    /// </summary>
    /// <returns>卡号数据表</returns>
    private DataTable GetCardNumber()
    {
        DataTable dtb = new DataTable();
        dtb.Columns.Add("CardNumber");
        //添加时
        if (this.isAdd)
        {
            Random r = new Random();
            for (int i = 1; i < 10; i++)
            {
                string cardNo = "10100010";
                cardNo = cardNo + r.Next(10);
                dtb.Rows.Add(cardNo);
            }
        }
        //编辑时
        else
        {
            dtb = Program.dbo.GetDataTable(string.Format(@"select InventoryInfo.CardNo
                        as CardNumber from InventoryInfo left join ShelfDetail on
                        InventoryInfo.ID=ShelfDetail.InventoryID where
            ShelfDetail.ShelfID='{0}'", this.si.ID));
            this.dataGridView1.DataSource = dtb;
        }
        //显示数量
        this.txtNumber.Text = dtb.Rows.Count.ToString();
        return dtb;
    }
    /// <summary>
    /// 绑定 DataGridView 控件的方法
    /// </summary>
    private void BindDataGridView()
```

```
{
    this.dataGridView1.DataSource = GetCardNumber();
}
/// <summary>
/// 绑定商品名称 ComboBox 控件选项方法
/// </summary>
private void BindComboBox()
{
    DataRow row = dtb.NewRow();
    row["Code"] = "0";
    row["Name"] = "请选择";
    dtb.Rows.InsertAt(row, 0);
    this.cboGoodsName.DataSource = dtb;
    this.cboGoodsName.DisplayMember = "Name";
    this.cboGoodsName.ValueMember = "Code";
}
/// <summary>
/// 校验用户输入方法
/// </summary>
/// <returns>true 为输入正确，false 为输入错误</returns>
private bool CheckInput()
{
    if (this.txtAddedName.Text == "")
    {
        MessageBox.Show("上架名称不能为空！");
        this.txtAddedName.Focus();
        return false;
    }
    if (this.cboGoodsName.SelectedIndex == 0)
    {
        MessageBox.Show("请选择商品！");
        return false;
    }
    if (dtb.Rows.Count > 0)
    {
        if (this.isAdd)
        {
            if (MessageBox.Show("该上架名称已存在，是否继续输入？", "询问",
                MessageBoxButtons.YesNo, MessageBoxIcon.Question) == DialogResult.Yes)
            {
                return true;
            }
            else
            {
                return false;
            }
```

```
            }
            else
            {
                if (this.txtAddedName.Text == this.si.ShelfName)
                {
                    return true;
                }
                else
                {
                    if (dtb.Rows.Count > 0)
                    {
                        if (MessageBox.Show("该上架名称已存在，是否继续输入？
                            ", "询问", MessageBoxButtons.YesNo, MessageBoxIcon.Question)
                            == DialogResult.Yes)
                        {
                            return true;
                        }
                        else
                        {
                            return false;
                        }
                    }
                    else
                    {
                        return true;
                    }
                }
            }
        }
        else
        {
            return true;
        }
    }
    /// <summary>
    /// 商品名称下拉框选项发生改变时触发事件
    /// </summary>
    /// <param name="sender"></param>
    /// <param name="e"></param>
    private void cboGoodsName_SelectedIndexChanged(object sender, EventArgs e)
    {
        if (this.cboGoodsName.SelectedIndex == 0)
        {
            this.txtGoodsCode.Text = "";
        }
        else
```

```
        {
            this.txtGoodsCode.Text = this.cboGoodsName.SelectedValue.ToString();
        }
    }
    /// <summary>
    /// 写入卡中信息编辑框字符长度处理事件
        /// </summary>
/// <param name="sender"></param>
/// <param name="e"></param>
private void txtRemark_KeyPress(object sender, KeyPressEventArgs e)
{
    if (this.txtRemark.Text.Length >= 50)
    {
        e.Handled = true;
        MessageBox.Show("字符长度不能超过 50！ ");
    }
}

/// <summary>
/// 确认按钮事件
/// </summary>
/// <param name="sender"></param>
/// <param name="e"></param>
private void btnOk_Click(object sender, EventArgs e)
{
    if (CheckInput())
    {
        //添加
        if (this.isAdd)
        {
            int shelfID = Program.dbo.GetInt(string.Format("insert into ShelfInfo
                (Name,Content,Status,UserID) values ('{0}','{1}','1','{2}')
                select @@identity", this.txtAddedName.Text,
                        this.txtAddedContent.Text, Program.su.ID));
            for (int i = 0; i < this.dataGridView1.Rows.Count; i++)
            {
                int inventoryID = Program.dbo.GetInt(string.Format(
                        "insert into InventoryInfo (Code,CardNo,Batch,
                        ProduceDate,Status) values ('{0}','{1}','{2}','{3}','{4}')
                        select @@identity",
                        this.cboGoodsName.SelectedValue,
                        this.dataGridView1.
                        Rows[i].Cells[0].Value, this.txtGoodsBatch.Text,
                        Convert.ToDateTime(this.dtpProduceDate.Value), "1"));
                Program.dbo.ExecuteSQL(string.Format("insert into ShelfDetail
                    (ShelfID,InventoryID) values ('{0}','{1}')", shelfID, inventoryID));
```

```
                }
            }
            this.Close();
        }
}
```

13.2 上架商品明细窗体设计

13.2.1 上架商品明细窗体界面设计

上架商品明细窗体如图 13.2 所示。

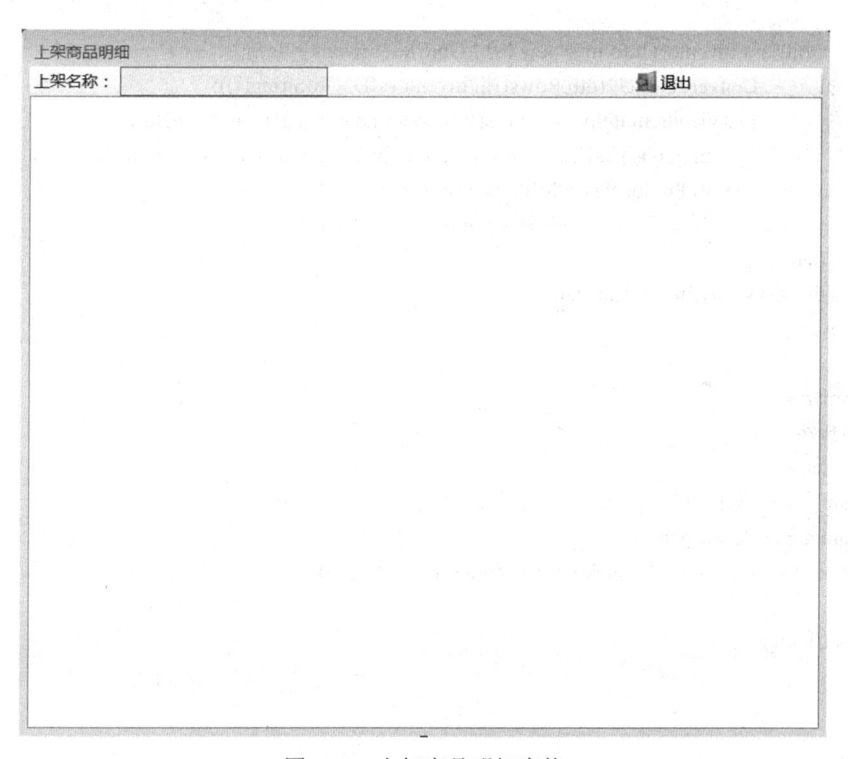

图 13.2 上架商品明细窗体

13.2.2 上架商品明细窗体代码设计

```
/// <summary>
/// 绑定 ListView 控件方法
/// </summary>
private void BindListView()
{
    this.listView1.Items.Clear();
    this.listView1.Columns.Clear();
    string[] itemName = new string[] { "商品标签,70", "商品编码,70", "商品名称,70", "产品规格,80",
            "产品批次,70", "生产日期,80", "单价,60", "商品状态,80" };
```

```
        for (int i = 0; i < itemName.Length; i++)
        {
            ColumnHeader header = new ColumnHeader();
            string headerText = itemName[i].Split(',')[0];
            int headerWidth = Convert.ToInt32(itemName[i].Split(',')[1]);
            header.Text = headerText;
            header.Width = headerWidth;
            this.listView1.Columns.Add(header);
        }
        DataTable dtb = Program.dbo.GetDataTable(string.Format("select InventoryID from
            ShelfDetail where ShelfID='{0}'", this.si.ID));
        for (int i = 0; i < dtb.Rows.Count; i++)
        {
            ObjClass.InventoryInfo iti = new ISM.ObjClass.InventoryInfo(
                Convert.ToInt32(dtb.Rows[i]["InventoryID"].ToString()));
                ListViewItem item = new ListViewItem(new string[] { iti.CardNo,
                    iti.goods.Code, iti.goods.GoodsName, iti.goods.GoodsType, iti.Batch,
                    iti.ProduceDate.ToShortDateString(),
                    "￥：" + iti.goods.Price, iti.GetStatusName() });
            item.Tag = iti;
            this.listView1.Items.Add(item);
        }
    }
    /// <summary>
    /// 退出按钮事件
    /// </summary>
    /// <param name="sender"></param>
    /// <param name="e"></param>
    private void toolStripButton1_Click(object sender, EventArgs e)
    {
        this.Close();
    }
```

第 14 章　统计模块

14.1　销售统计设计

14.1.1　销售统计窗体界面设计

销售统计窗体如图 14.1 所示。

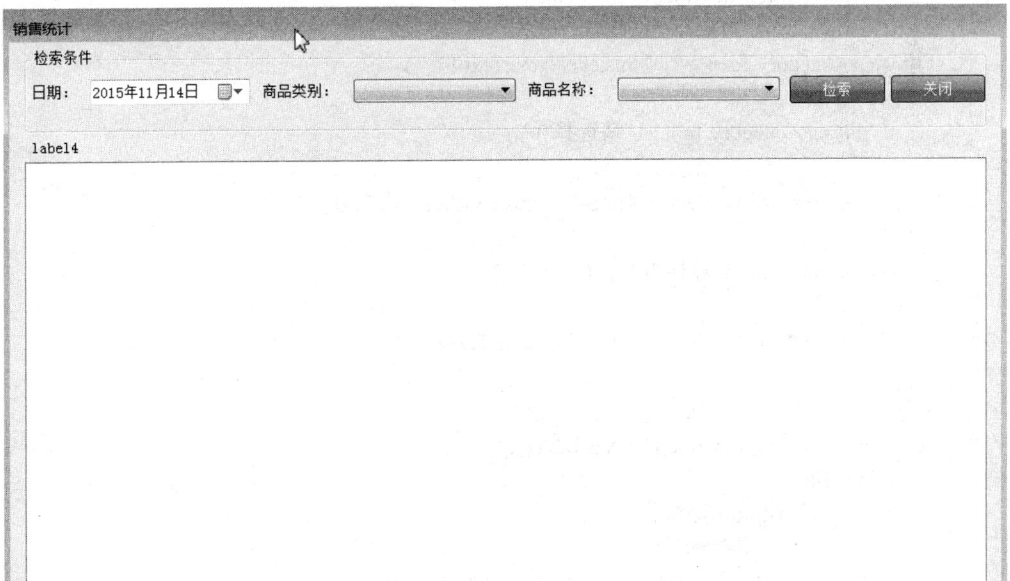

图 14.1　销售统计窗体

14.1.2　销售统计窗体代码设计

```
/// <summary>
/// 绑定 ListView 控件方法
/// </summary>
private void BindListView()
{
    this.listView1.Items.Clear();
    this.listView1.Columns.Clear();
```

```
            string[] itemText = new string[] { "所属分类,80", "商品名称,80", "商品编码,70",
                        "商品规格,70", "保质期,70", "单价,60", "销售时间,80" };
            for (int i = 0; i < itemText.Length; i++)
            {
                ColumnHeader header = new ColumnHeader();
                string headerText = itemText[i].Split(',')[0];
                int headerWidth = Convert.ToInt32(itemText[i].Split(',')[1]);
                header.Text = headerText;
                header.Width = headerWidth;
                this.listView1.Columns.Add(header);
            }
            string sql = string.Format("select CategoryName,Name,Code,GoodsType,
                    ShelfLife,Price,SaledDate from SalesInfo where SaledDate='{0}'",
                    Convert.ToDateTime(this.dateTimePicker1.
                    Value.ToShortDateString()));
            if (this.cboCategory.Text != "" || this.cboName.Text != "")
            {
                if (this.cboCategory.Text != "请选择")
                {
                    sql += " and CategoryName='" + this.cboCategory.Text + "'";
                }
                if (this.cboName.Text != "请选择")
                {
                    sql += " and Name='" + this.cboName.Text + "'";
                }
            }
            DataTable dtb = Program.dbo.GetDataTable(sql);
            decimal totalPrice = 0;
            for (int i = 0; i < dtb.Rows.Count; i++)
            {
                totalPrice += Convert.ToDecimal(dtb.Rows[i]["Price"].ToString());
                ListViewItem item = new ListViewItem(new string[]
                        { dtb.Rows[i]["CategoryName"].ToString(),
                          dtb.Rows[i]["Name"].ToString(),
                          dtb.Rows[i]["Code"].ToString(),
                          dtb.Rows[i]["GoodsType"].ToString(),
                          dtb.Rows[i]["ShelfLife"].ToString() + "个月", "￥：" +
                          dtb.Rows[i]["Price"].ToString(),
                          dtb.Rows[i]["SaledDate"].ToString() });
                this.listView1.Items.Add(item);
            }
            this.label4.Text = "共" + dtb.Rows.Count.ToString() + "条记录，合计￥：" +
                    totalPrice.ToString() + "元";
        }

        /// <summary>
```

```
/// 绑定商品分类下拉菜单的方法
/// </summary>
private void BindComboBoxCategory()
{
    DataTable dtb = Program.dbo.GetDataTable(string.Format("select Code, Name from GoodsCategory"));
    DataRow row = dtb.NewRow();
    row["Code"] = "0";
    row["Name"] = "请选择";
    dtb.Rows.InsertAt(row, 0);
    this.cboCategory.DataSource = dtb;
    this.cboCategory.DisplayMember = "Name";
    this.cboCategory.ValueMember = "Code";
}

/// <summary>
/// 绑定商品名称下拉菜单的方法
/// </summary>
private void BindComboBoxName()
{
    DataTable dtb = Program.dbo.GetDataTable(string.Format("select Code,
            Name from GoodsInfo"));
            DataRow row = dtb.NewRow();
            row["Code"] = "0";
            row["Name"] = "请选择";
            dtb.Rows.InsertAt(row, 0);
            this.cboName.DataSource = dtb;
            this.cboName.DisplayMember = "Name";
            this.cboName.ValueMember = "Code";
}
/// <summary>
/// 检索按钮事件
/// </summary>
/// <param name="sender"></param>
/// <param name="e"></param>
private void btnSearch_Click(object sender, EventArgs e)
{
    BindListView();
}
/// <summary>
/// 关闭按钮事件
/// </summary>
/// <param name="sender"></param>
/// <param name="e"></param>
private void btnClose_Click(object sender, EventArgs e)
{
    this.Close();
}
```

14.2 库存统计设计

14.2.1 库存统计窗体界面设计

库存统计窗体如图 14.2 所示。

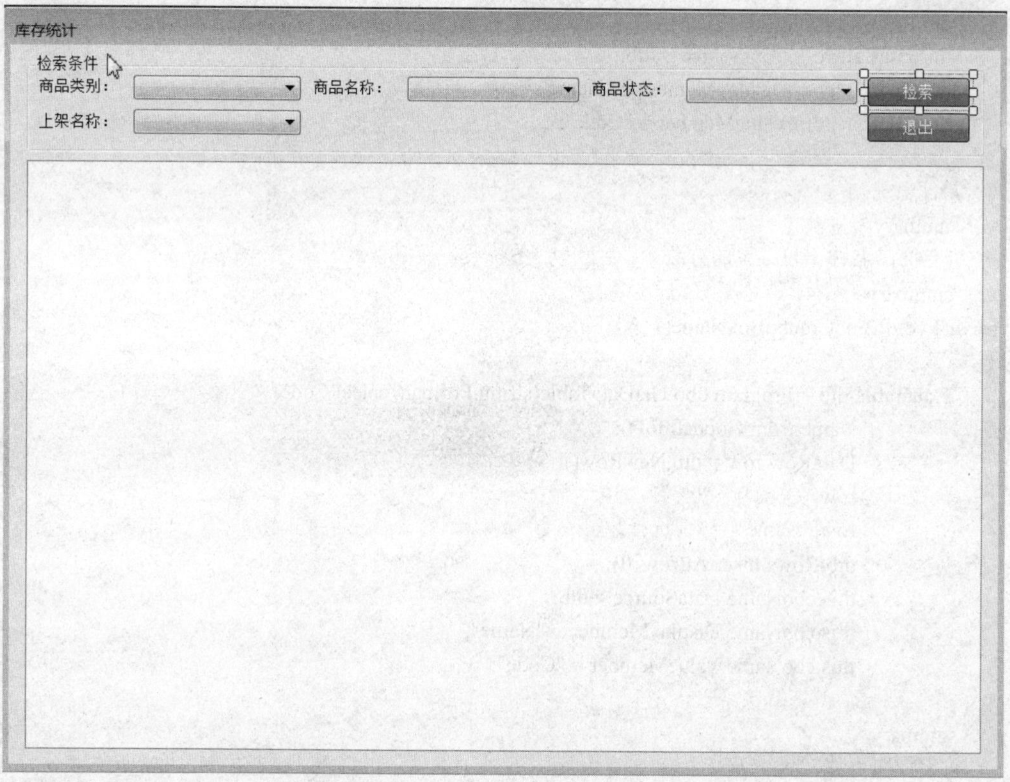

图 14.2 库存统计窗体

14.2.2 库存统计窗体代码设计

```
/// <summary>
/// 绑定 ListView 控件方法
/// </summary>
private void BindListView()
{
    this.listView1.Items.Clear();
    this.listView1.Columns.Clear();

    string[] itemText = new string[] { "上架名称,70", "上架时间,70", "商品名称,80",
            "商品编码,70", "商品规格,70", "产品批次,70", "生产日期,70",
            "保质期,70", "单价,60", "状态,60" };
    for (int i = 0; i < itemText.Length; i++)
    {
```

```
        ColumnHeader header = new ColumnHeader();
        string headerText = itemText[i].Split(',')[0];
        int headerWidth = Convert.ToInt32(itemText[i].Split(',')[1]);
        header.Text = headerText;
        header.Width = headerWidth;
        this.listView1.Columns.Add(header);
    }
    string sql = string.Format(@"select GoodsInfo.Code,ShelfInfo.ID as
                    ShelfID,InventoryInfo.ID as InventoryID
                    from InventoryInfo left join GoodsInfo on
                    GoodsInfo.Code=InventoryInfo.Code left
                    join ShelfDetail on InventoryInfo.ID=
                    ShelfDetail.InventoryID left join ShelfInfo on
                    ShelfDetail.ShelfID=ShelfInfo.ID");
    if (this.cboGoodsCategory.Text != "" || this.cboGoods.Text != "" || this.cboAdded.Text !=
        "" || this.cboGoodsStatus.Text != "")
    {
        sql += " where";
        if (this.cboGoodsCategory.Text != "请选择")
        {
            sql += " GoodsInfo.CategoryCode='" + this.cboGoodsCategory.SelectedValue + "' and";
        }
        if (this.cboGoods.Text != "请选择")
        {
            sql += " GoodsInfo.Code='" + this.cboGoods.SelectedValue + "' and";
        }
        if (this.cboAdded.Text != "请选择")
        {
            sql += " ShelfInfo.ID='" + this.cboAdded.SelectedValue + "' and";
        }
        if (this.cboGoodsStatus.Text != "请选择")
        {
            string status = "";
            if (this.cboGoodsStatus.Text == "未上架")
            {
                status = "1";
            }
            if (this.cboGoodsStatus.Text == "已上架")
            {
                status = "2";
            }
            if (this.cboGoodsStatus.Text == "已下架")
            {
                status = "3";
            }
            sql += " InventoryInfo.Status='" + status + "' and";
        }
        sql = sql.Substring(0, sql.Length - 4);
    }
    DataTable dtb = Program.dbo.GetDataTable(sql);
```

```
            for (int i = 0; i < dtb.Rows.Count; i++)
            {
                ObjClass.Goods goods = new ISM.ObjClass.Goods(dtb.Rows[i]["Code"].ToString());
                ObjClass.ShelfInfo si = new ISM.ObjClass.ShelfInfo(Convert.ToInt32(
                        dtb.Rows[i]["ShelfID"].ToString()));
                ObjClass.InventoryInfo iti = new ISM.ObjClass.InventoryInfo(Convert.
                        ToInt32(dtb.Rows[i]["InventoryID"].ToString()));
                if (si.Status == "1")
                {
                    ListViewItem item = new ListViewItem(new
                            string[]{si.ShelfName,"",goods.GoodsName,
                            goods.Code,goods.GoodsType,iti.Batch,
                            iti.ProduceDate.ToShortDateString(),
                            goods.ShelfLife.ToString()+"个月","￥:
                            "+goods.Price.ToString(),iti.GetStatusName()});

                            this.listView1.Items.Add(item);
                }
                else
                {
                    ListViewItem item = new ListViewItem(new
                            string[]{si.ShelfName,si.Date.ToShortDateString(),
                            goods.GoodsName,goods.Code,goods.GoodsType,
                            iti.Batch,iti.ProduceDate.ToShortDateString(),
                            goods.ShelfLife.ToString()+"个月","￥:
                            "+goods.Price.ToString(),iti.GetStatusName()});
                            this.listView1.Items.Add(item);
                }
            }
        }
        /// <summary>
        /// 绑定商品分类下拉菜单的方法
        /// </summary>
        private void BindComboBoxGoodsCategory()
        {
            DataTable dtb = Program.dbo.GetDataTable(string.Format("select Code,Name from GoodsCategory"));
            DataRow row = dtb.NewRow();
            row["Code"] = "0";
            row["Name"] = "请选择";
            dtb.Rows.InsertAt(row, 0);
            this.cboGoodsCategory.DataSource = dtb;
            this.cboGoodsCategory.DisplayMember = "Name";
            this.cboGoodsCategory.ValueMember = "Code";
        }
        /// <summary>
        /// 绑定商品名称下拉菜单的方法
        /// </summary>
        private void BindComboBoxGoods()
        {
            DataTable dtb = Program.dbo.GetDataTable(string.Format("select Code, Name from GoodsInfo"));
```

```
        DataRow row = dtb.NewRow();
        row["Code"] = "0";
        row["Name"] = "请选择";
        dtb.Rows.InsertAt(row, 0);
        this.cboGoods.DataSource = dtb;
        this.cboGoods.DisplayMember = "Name";
        this.cboGoods.ValueMember = "Code";
}
/// <summary>
/// 绑定上架下拉菜单的方法
/// </summary>
private void BindComboBoxAdded()
{
        DataTable dtb = Program.dbo.GetDataTable(string.Format("select ID, Name from ShelfInfo"));
        DataRow row = dtb.NewRow();
        row["ID"] = "0";
        row["Name"] = "请选择";
        dtb.Rows.InsertAt(row, 0);
        this.cboAdded.DataSource = dtb;
        this.cboAdded.DisplayMember = "Name";
        this.cboAdded.ValueMember = "ID";
}
/// <summary>
/// 检索按钮事件
/// </summary>
/// <param name="sender"></param>
/// <param name="e"></param>
private void btnSeach_Click(object sender, EventArgs e)
{
        BindListView();
}
/// <summary>
/// 关闭按钮事件
/// </summary>
/// <param name="sender"></param>
/// <param name="e"></param>
private void btnClose_Click(object sender, EventArgs e)
{
        this.Close();
}
```